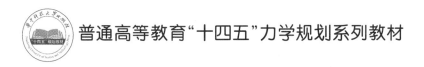 普通高等教育"十四五"力学规划系列教材

断裂力学及其工程应用

姜翠香　徐　旺　何　理
蒋　培　郑华升　张　威　编著

华中科技大学出版社

中国·武汉

内容简介

本书是一本关于断裂力学基本理论及其工程应用的教材,内容结合了作者在断裂力学工程应用方面的科研工作成果,介绍了断裂力学基本判据及相关问题的分析方法。全书共八章,主要内容包括:裂纹尖端的应力场和位移场、应力强度因子及其相关计算、CTOD 原理及其判据、材料断裂韧度测试原理和方法、J 积分原理及其判据、复合材料板的弯曲断裂分析、加筋板结构断裂止裂分析等。

本书可作为力学、机械、材料、土木、船舶及航天航空等专业研究生教材,也可供相关领域工程技术人员参考。

图书在版编目(CIP)数据

断裂力学及其工程应用/姜翠香等编著.—武汉:华中科技大学出版社,2023.1
ISBN 978-7-5680-8933-3

Ⅰ.①断…　Ⅱ.①姜…　Ⅲ.①断裂力学-高等学校-教材　Ⅳ.①O346.1

中国版本图书馆 CIP 数据核字(2022)第 248807 号

断裂力学及其工程应用
Duanlie Lixue ji Qi Gongcheng Yingyong

姜翠香等　编著

策划编辑:余伯仲
责任编辑:程　青
封面设计:廖亚萍
责任监印:周治超

出版发行:华中科技大学出版社(中国·武汉)　　电话:(027)81321913
　　　　　武汉市东湖新技术开发区华工科技园　　邮编:430223

录　排:华中科技大学惠友文印中心
印　刷:武汉市洪林印务有限公司
开　本:710mm×1000mm　1/16
印　张:11.5
字　数:227 千字
版　次:2023 年 1 月第 1 版第 1 次印刷
定　价:39.80 元

前　言

　　结构或材料中不可避免地存在类似于裂纹的缺陷,这些缺陷或是结构材料中固有的,或是制造加工过程中形成的,也可能是结构运行过程中由于疲劳而产生的,裂纹扩展引起结构断裂破坏。随着工业技术的发展,容器、管道及各种平台结构中部件的断裂现象频繁发生,造成大量人员伤亡和经济财产损失。

　　断裂力学作为固体力学的一个分支,研究裂纹起始与扩展的力学模型,建立控制裂纹扩展的力学判据。近几十年来,断裂力学迅速发展,随着断裂力学研究成果在各工程领域的应用,各种因断裂而引起的恶性事故大大减少,对保证结构安全起到了非常重要的作用。因此,对工科专业学生普及断裂力学知识是十分必要的。

　　工程中的断裂破坏是非常复杂的,涉及影响裂纹扩展的各种因素,而对断裂问题的研究和分析同样具有复杂性。在断裂力学教材中引入实例分析,结合科研工作成果,联系实际工程中的断裂问题进行授课,理论结合实际,能让学生深入理解断裂破坏的方式及其相应的力学机理,了解断裂力学研究的思路和方法,培养学生解决实际问题的能力。

　　除第 1 章绪论外,本书包含两部分内容,第一部分(第 2~6 章)为基础理论篇,包括裂纹尖端的应力场和位移场、应力强度因子、CTOD 原理及其判据、材料断裂韧度测试原理和方法、J 积分原理及其判据;第二部分(第 7、8 章)为工程应用篇,包括复合材料板断裂、加筋板结构断裂止裂分析。具体撰写分工如下:第 1 章绪论由姜翠香撰写,第 2 章由郑华升撰写,第 3 章由何理撰写,第 4 章由姜翠香、余刚、王难烂撰写,第 5 章由蒋培撰写,第 6 章由张威撰写,第 7 章由徐旺撰写,第 8 章由姜翠香撰写。全书由姜翠香、徐旺统稿。

　　在本书出版之际,谨向为本书编写提供支持与帮助的蔡路军、曾国伟等老师表示衷心的感谢! 硕士研究生邵滨参与了部分绘图工作,一并致以诚挚的谢意!

　　本书获武汉科技大学研究生院教材专项经费资助,在此表示衷心的感谢!

　　在本书编写过程中我们参阅了有关文献,在此对这些文献的作者表示感谢!

　　由于水平有限,书中难免存在错误和不妥之处,敬请读者批评指正!

编　　者

目　　录

第1章 绪 论

通常结构在设计中已留有足够的安全储备,即使遭遇较大的载荷,也不易发生塑性或屈曲破坏,这是因为避免这些破坏形式的发生是结构设计的出发点,在设计中已给予了充分的考虑。在传统强度理论的设计思想中,较少考虑裂纹损伤的因素。而结构中不可避免地存在类似裂纹的缺陷,以断裂力学理论为基础,对结构进行断裂分析,可为正确考虑缺陷对构件强度的影响提供理论依据。

通过对构件进行分析,运用断裂力学的观点、判据,把构件内部裂纹的大小和构件工作应力,以及材料抵抗断裂的能力(即断裂韧度)定量地联系起来,可对含裂纹构件的安全性和寿命给出定量和半定量的估计,这就为工程构件的安全设计、制定合理的验收标准和选材原则提供了新的理论基础。有危险裂纹的构件必须严禁使用,以免造成灾难性事故,同时又不能把无危险的构件报废,造成经济损失。断裂力学自 20 世纪 20 年代开始发展以来,作为一门独立的学科已在航空航天、交通运输、机械、化工、材料、能源及海洋等工程领域得到广泛应用。

1.1 断裂力学理论及其发展应用

分析各类材料的断裂韧度,确定裂纹体在给定外力作用下是否发生断裂,研究载荷作用下裂纹的扩展规律是断裂力学要解决的主要问题。根据断裂时裂纹尖端附近塑性变形区域范围的不同,断裂力学通常可分为线弹性断裂力学和弹塑性断裂力学。线弹性断裂力学应用线弹性理论研究物体裂纹扩展规律和断裂准则,适用于脆性断裂材料的断裂分析。弹塑性断裂力学应用弹性力学、塑性力学理论研究物体裂纹扩展规律和断裂准则,适用于裂纹尖端附近有较大范围塑性区的情况。

1.1.1 线弹性断裂力学理论

早在 1921 年,断裂力学的先导者英国科学家 Griffith 就从能量观点研究了含裂纹体的断裂问题,建立了脆断理论的基本框架,在之后的三十余年间,科学家们在这一学科进行了大量的研究。考虑裂纹尖端的奇异性,Irwin 在 1957 年提出了应力强度因子并建立断裂准则,与此同时,1957 年,Williams 首次将平板裂纹尖端位移场进行特征展开,给出了应力场的前三阶展开式,用不同的方法得到了与 Irwin 的结果实质上一致的结果。在小范围屈服条件下,表征裂纹扩展的能量变化参数能量释放率和表征裂纹尖端应力应变场强度的特征参数应力强度因子在数学上是完全相当的,而应力强度因子的计算在许多情况下比能量释放率的计算要方便一些,因此在工程实际中得到广泛使用。对于屈服应力和弹性模量比值很高的材料,应力强度因子为描述裂纹尖端应力环境的很好的参数。1973 年,Tada、Paris 和 Irwin 编写的第一本应力强度因子手册问世,标志着线弹性断裂力学趋于成熟。

推导应力强度因子的解析法一直是断裂力学研究发展的基础,由此推出的裂纹尖端附近应力场和位移场的基本方程是许多其他方程的基础。由于数学上的困难,只有少数情况下该方程有封闭形式的解析解,一般情况下只能借助数值方法求解。

线弹性断裂力学理论获得了成功的应用。早在 1958 年,线弹性断裂力学理论刚起步不久,Winne 和 Wundt 就成功地将 Irwin 能量释放率理论运用于蒸汽轮机的失效分析。发展到现在,线弹性断裂力学理论更是广泛地运用于工程实际的各方面,如航空航天结构、船舶与海洋平台结构及天然气管道等等。

1.1.2　弹塑性断裂力学理论

对于高韧度材料,在结构中出现裂纹或裂纹扩展之前,裂纹尖端就已存在大范围的塑性区域。屈服区的存在将改变裂纹尖端区域应力场的性质,当裂纹尖端的塑性区和裂纹尺寸在同一数量级即材料变形属于大范围的塑性变形时,线弹性断裂力学的理论不再适用于这种情况,而需用弹塑性断裂力学的理论来研究。弹塑性断裂力学的发展起步于 20 世纪 60 年代。美、英两国科学家在研究这一问题时采取了不同的切入角度。

美国科学家继承了 Irwin 利用应力强度因子来描述裂纹尖端奇异场强度的思想。这一探索在 1968 年获得突破,J 积分和 HRR 场成为影响一代弹塑性断裂力学学者的断裂参量和奇异场分析方法。J 积分具有明确的物理意义,在物理上可解释为变形功的差率。在求法上它避开了直接计算在裂纹尖端附近的弹塑性应力应变场。作为表示裂纹尖端应变集中特征的平均参量,J 积分成为描述裂纹扩展和进行韧性材料断裂分析的一个有效参数,并且与另一个弹塑性断裂参数裂纹尖端张开位移(crack tip opening displacement,CTOD)建立了联系。由于 J 积分与路径无关,因此可选择一条容易求积分的路径简单地求得 J 积分,并可预料存在一个裂纹开始扩展的临界值 J_{Ic},J_{Ic} 即为材料断裂韧度。J 积分作为决定裂纹起裂条件的参数,在结构安全评定与材料韧度试验方法中获得了很多应用。

英国科学家认为弹塑性断裂过程集聚于裂纹前方的条状屈服区,并发展了各种断裂过程模型。断裂过程模型的提出为以裂纹尖端张开位移为断裂参量的想法提供了物理基础。韧性材料的断裂主要取决于裂纹尖端的应变,而不是应力。Wells 在 20 世纪 60 年代初首先提出了这个准则。CTOD 方法具有应用简单、测试简便和稳定的优点,在工程界得到广泛应用。

Dugdale 通过对软钢薄板裂纹前沿的塑性区的实验观察发现,塑性区集中在与板成 $45°$ 的横向滑移带内,从而建立了分析弹塑性断裂问题的 Dugdale 模型。Dugdale 假定受拉伸薄板的屈服沿裂纹线分布,通过应用 Muskhelishvili 的复变函数理论,得到了平面应力情况下 CTOD 的封闭形式解。Dugdale 模型是少数几个存在 CTOD 封闭解的模型之一,其方法已被广泛应用于各种含裂纹结构的弹塑性承载力的估算。

对于弹塑性断裂问题的研究,采用较多的方法还有有限元数值分析法,其通过对裂纹尖端应力场、位移场的计算分析来研究裂纹开裂与扩展。

1.2　结构止裂研究简介

采用止裂结构能有效地阻止裂纹的扩展,防止断裂事故的发生,具有非常重要的意义。结构止裂已广泛运用于航天、航海等重要结构的设计制造。对止裂的描述分为静态止裂和动态止裂两种。静态止裂理论认为,存在一个称为 K_{Ia} 的材料参数,它控制裂纹止裂,与起裂的 K_{IC} 有同样的意义,称为裂纹止裂韧度。动态止裂理论研究裂纹扩展过程中的止裂问题。裂纹扩展行为由应变能释放率、裂纹扩展阻力和动能三者决定,当应变能的释放和动能的转化所提供的能量不足以克服扩展阻力所需要的能量时,裂纹即停止扩展即裂纹止裂。动态止裂认为止裂是扩展过程的终结。

设法降低裂纹扩展力和加大材料对裂纹扩展的阻力可有效阻止裂纹扩展。例如,在结构中设置加筋板或止裂带等,当裂纹尖端扩展到筋条或止裂带时,由于一部分载荷传递到筋条或止裂带上,应力强度因子迅速降低,裂纹会在筋条或止裂带附近停止扩展;采用断裂韧度高的材料,可增大裂纹扩展阻力,阻止裂纹扩展。

加筋板结构可有效阻止裂纹扩展。含裂纹的加筋板与含裂纹平板相比,在断裂特性方面有很大差别。当板中存在裂纹时,在裂纹附近的加强件将有限制裂纹张开的作用。以构件承受拉伸载荷作用情况下的 I 型裂纹为例,引入无量纲因子,裂纹尖端应力强度因子降低系数 $C = \dfrac{K_{I加筋}}{K_{I非加筋}}$,显然,$C \leqslant 1$,加筋板的应力强度因子 $K_{I加筋}$ 可表示为

$$K_{I加筋} = C\sigma\sqrt{\pi a}$$

系数 C 与加筋板结构尺寸及筋条的截面积、刚度和材料弹性模量等参数有关,C 随裂纹长度的变化如图 1-1 所示。

筋条的止裂效果与其至裂纹尖端的距离有关,位于裂纹尖端附近时,止裂作用明显,且筋条刚度增大,止裂作用变强。

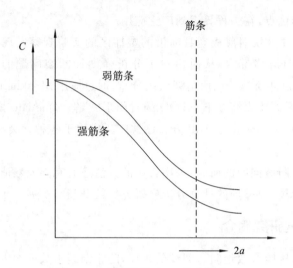

图 1-1　C 随裂纹长度 2a 的变化关系

1.3　损伤容限设计

　　从安全性出发,对结构设计的要求是,当结构存在裂纹或缺陷时,结构还能承受相当的载荷,即结构必须是容许损伤的,并且要求在损伤发展到危险尺寸前能被发现或者在整个指定的寿命期间不会达到危险尺寸。采用损伤容限设计方法设计的结构称为损伤容限结构,在该结构的某一部分已经产生裂纹之后,结构仍能在规定载荷下工作一定时间(直到下一次检修为止),在这段时间内裂纹不会发展到临界尺寸,结构仍能继续承受其设计的载荷。

　　结构损伤容限设计工作主要包含以下几方面内容:

　　(1) 载荷谱确定。载荷谱的确定是损伤容限设计的关键,直接关系到结构的安全可靠性。载荷谱确定工作可以和疲劳设计以及耐久性分析工作中的载荷谱确定工作相结合。

　　(2) 确定需要进行断裂控制的部位和零构件。根据使用经验、结构形式特点以及对结构应力场的分析,确定需要进行断裂控制的主要结构,并且按可检查程度对结构进行分类,按相应的设计类型进行结构设计。

　　(3) 兼顾静强度、刚度和疲劳设计要求,选择抗断裂性能好的材料。

　　(4) 确定初始缺陷尺寸。损伤容限设计中作为裂纹扩展计算起点的初始裂纹尺寸 a_0 应是新机开始使用或服役中经过检修后再次投入使用时,结构危险部位处可能被超过的最小裂纹尺寸。初始裂纹长度在很大程度上影响使用寿命的长短。

　　(5) 对于结构所选用材料,确定材料的断裂韧度和裂纹扩展计算所需要的材料参数。

（6）应用断裂力学基本理论确定结构在各种裂纹尺寸下的剩余强度,按照规范给定的破损安全载荷确定对应的临界裂纹尺寸。

（7）在谱载荷作用下,计算从最小可检裂纹尺寸扩展到临界裂纹尺寸所需的交变载荷的循环数,按照裂纹扩展寿命确定检修周期。

（8）使用期间进行跟踪。测出实际的载荷谱,以便和设计载荷谱相比较,定出实际损伤度和实际可用寿命,根据实际寿命的差别调整检修期和部件的更换计划。跟踪也是损伤容限设计中的一个重要环节。

在科学家们的不断探究和推动下,断裂力学研究成果已在工程中获得广泛应用。在我国,多个材料断裂韧度与缺陷评定的国家标准的推出,为保证我国工程结构的安全和社会安全起到了重要的作用,它们的实施取得了巨大的社会效益与经济效益。

随着信息时代的到来,断裂力学的研究将实现更广泛的学科交叉,力学与材料科学相结合,断裂力学从原有断裂与工程密切结合的一些工程部门拓宽至信息材料、智能材料、生物材料等领域,实现材料与结构设计一体化,对结构灾害演化行为进行健康监测,对大型结构进行在线检测与安全评估。断裂力学应用将日益广泛,其研究成果将进一步服务于国家和社会的需求。

思 考 题

1. 试谈谈学习断裂力学课程的重要性。
2. 什么是线弹性断裂？什么是弹塑性断裂？
3. 断裂力学在应用方面有哪些发展？
4. 裂纹止裂可采取哪些措施？
5. 损伤容限设计包含哪些内容？

参 考 文 献

[1] 陈篪,蔡其巩,王仁智.工程断裂力学[M].北京:国防工业出版社,1977.

[2] 李灏,陈树坚.断裂理论基础[M].成都:四川人民出版社,1983.

[3] 范天佑.断裂力学基础[M].南京:江苏科学技术出版社,1978.

第 2 章　裂纹尖端的应力和位移

在断裂的过程中,裂纹尖端要释放出一定的能量。因此,裂纹尖端附近的应力应变场必然与裂纹尖端处的能量释放率有关。如果裂纹尖端附近应力应变场强度足够大,断裂即可发生,反之断裂不会发生。因此,必须寻求裂纹尖端附近应力应变场的解答,这是近代线弹性断裂力学的重要内容。

线弹性断裂力学是断裂力学的一个重要分支,它用弹性力学的线性理论对裂纹体进行力学分析。事实上,含裂纹的工程构件的断裂,往往是快速的脆性断裂,构件破坏之前宏观裂纹没有明显扩张,裂纹前端的塑性区相对结构尺寸来说比较小,因此,在不考虑裂纹尖端的复杂性情况下采用弹性力学的方法来求解裂纹尖端的应力场和位移场是合理的。

本章首先阐述了工程中裂纹的类型,随后介绍了与线弹性断裂力学相关的弹性力学的基本概念和基本理论,在此基础上对典型裂纹尖端的应力和位移的表达式进行了推导。

2.1　裂纹的基本类型

根据裂纹的几何特征,可将裂纹分为图 2-1 所示穿透裂纹、深埋裂纹和表面裂纹三种。

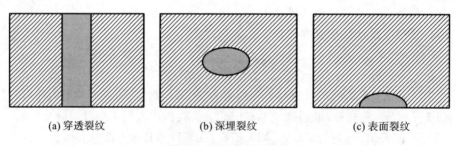

(a) 穿透裂纹　　　　　　(b) 深埋裂纹　　　　　　(c) 表面裂纹

图 2-1　裂纹的几何特征

(1) 穿透裂纹:裂纹贯穿构件整个厚度,常将裂纹延伸到厚度一半以上的裂纹视为穿透裂纹。穿透裂纹通常被当作理想尖端裂纹处理,即裂纹尖端的曲率半径趋于零,这种简化偏保守,在实际应用中比较安全。

(2) 深埋裂纹:裂纹位于构件内部,常简化为椭圆片状裂纹或圆片状裂纹。

(3) 表面裂纹:裂纹位于构件表面或深度远小于构件的厚度,常简化为半椭圆形裂纹。

按受力方式的不同,可将裂纹分为三种基本类型,如图 2-2 所示,即张开型(Ⅰ型)、滑开型(Ⅱ型)和撕开型(Ⅲ型)。

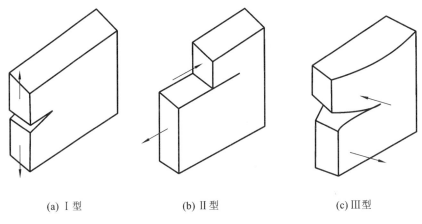

(a) Ⅰ型　　　　　　　(b) Ⅱ型　　　　　　　(c) Ⅲ型

图 2-2　裂纹的基本类型

Ⅰ型裂纹受到与裂纹面正交的拉应力 σ 的作用,裂纹面产生张开位移(位移与裂纹面正交、沿拉应力方向)。

Ⅱ型裂纹受到与裂纹面平行且与裂纹尖端线方向垂直的切应力的作用,裂纹产生沿裂纹面(切应力方向)的相对滑动。

Ⅲ型裂纹受到与裂纹面平行且与裂纹尖端线平行的切应力的作用,裂纹面产生沿裂纹外(切应力方向)的相对滑动。

此外,如果裂纹同时受正应力和剪应力作用,或裂纹面和正应力方向成一定角度,则此时同时存在Ⅰ型与Ⅱ型(或Ⅰ型与Ⅲ型)的裂纹类型,这种裂纹称为复合型裂纹。

Ⅰ型裂纹容易引起低应力断裂,往往是最危险的。本文将重点对Ⅰ型裂纹尖端的应力场和位移场进行推导,一旦理解了这种推导过程,这可以很容易地推导出许多不同情况下裂纹尖端的应力和位移的表达式。事实上,在实际情况下,在计算复合裂纹时,也会考虑将其作为Ⅰ型裂纹来处理,这样做是偏安全的。

2.2　弹性理论基础

2.2.1　弹性力学的基本方程

在直角坐标系下,弹性力学的基本未知量包括:6 个应力分量(σ_x、σ_y、σ_z、τ_{yz}、τ_{zx}、τ_{xy}),6 个形变分量(ε_x、ε_y、ε_z、γ_{yz}、γ_{zx}、γ_{xy})和 3 个位移分量(u、v、w)。对于一个具体弹性力学问题,其正确的解答应该同时满足平衡微分方程式(2-1)、几何方程式(2-2)、物理方程式(2-3)以及边界条件式(2-4)和式(2-5)。

$$\begin{cases} \dfrac{\partial \sigma_x}{\partial x} + \dfrac{\partial \tau_{yx}}{\partial y} + \dfrac{\partial \tau_{zx}}{\partial z} + X = 0 \\[3mm] \dfrac{\partial \tau_{xy}}{\partial x} + \dfrac{\partial \sigma_y}{\partial y} + \dfrac{\partial \tau_{zy}}{\partial z} + Y = 0 \\[3mm] \dfrac{\partial \tau_{xz}}{\partial x} + \dfrac{\partial \tau_{yz}}{\partial y} + \dfrac{\partial \sigma_z}{\partial z} + Z = 0 \end{cases} \tag{2-1}$$

$$\begin{cases} \varepsilon_x = \dfrac{\partial u}{\partial x} \\[3mm] \varepsilon_y = \dfrac{\partial v}{\partial y} \\[3mm] \varepsilon_z = \dfrac{\partial w}{\partial z} \\[3mm] \gamma_{yz} = \dfrac{\partial w}{\partial y} + \dfrac{\partial v}{\partial z} \\[3mm] \gamma_{zx} = \dfrac{\partial u}{\partial z} + \dfrac{\partial w}{\partial x} \\[3mm] \gamma_{xy} = \dfrac{\partial v}{\partial x} + \dfrac{\partial u}{\partial y} \end{cases} \tag{2-2}$$

$$\begin{cases} \varepsilon_x = \dfrac{1}{E}\left[\sigma_x - v(\sigma_y + \sigma_z)\right] \\[3mm] \varepsilon_y = \dfrac{1}{E}\left[\sigma_y - v(\sigma_z + \sigma_x)\right] \\[3mm] \varepsilon_z = \dfrac{1}{E}\left[\sigma_z - v(\sigma_x + \sigma_y)\right] \\[3mm] \gamma_{yz} = \dfrac{2(1+v)}{E}\tau_{yz} \\[3mm] \gamma_{zx} = \dfrac{2(1+v)}{E}\tau_{zx} \\[3mm] \gamma_{xy} = \dfrac{2(1+v)}{E}\tau_{xy} \end{cases} \tag{2-3}$$

$$\begin{cases} l\,(\sigma_x)_s + m\,(\tau_{yx})_s + n\,(\tau_{zx})_s = \overline{X} \\[2mm] l\,(\tau_{xy})_s + m\,(\sigma_y)_s + n\,(\tau_{zy})_s = \overline{Y} \\[2mm] l\,(\tau_{xz})_s + m\,(\tau_{yz})_s + n\,(\sigma_z)_s = \overline{Z} \end{cases} \tag{2-4}$$

$$\begin{cases} u_s = \overline{u} \\[2mm] v_s = \overline{v} \\[2mm] w_s = \overline{w} \end{cases} \tag{2-5}$$

　　对于平面问题,基本未知量减少为 8 个: σ_x、σ_y、τ_{xy}、ε_x、ε_y、γ_{xy}、u、v。其基本方程简化为式(2-6)、式(2-7)、式(2-8)(平面应力)、式(2-9)(平面应变),边界

条件简化为式(2-10)和式(2-11)。

$$\begin{cases} \dfrac{\partial \sigma_x}{\partial x} + \dfrac{\partial \tau_{yx}}{\partial y} + X = 0 \\[2mm] \dfrac{\partial \tau_{xy}}{\partial x} + \dfrac{\partial \sigma_y}{\partial y} + Y = 0 \end{cases} \tag{2-6}$$

$$\begin{cases} \varepsilon_x = \dfrac{\partial u}{\partial x} \\[2mm] \varepsilon_y = \dfrac{\partial v}{\partial y} \\[2mm] \gamma_{xy} = \dfrac{\partial v}{\partial x} + \dfrac{\partial u}{\partial y} \end{cases} \tag{2-7}$$

$$\begin{cases} \varepsilon_x = \dfrac{1}{E}(\sigma_x - \mu \sigma_y) \\[2mm] \varepsilon_y = \dfrac{1}{E}(\sigma_y - \mu \sigma_x) \\[2mm] \gamma_{xy} = \dfrac{2(1+\mu)}{E}\tau_{xy} \end{cases} \tag{2-8}$$

$$\begin{cases} \varepsilon_x = \dfrac{1-v^2}{E}\left(\sigma_x - \dfrac{v}{1-v}\sigma_y\right) \\[2mm] \varepsilon_y = \dfrac{1-v^2}{E}\left(\sigma_y - \dfrac{v}{1-v}\sigma_x\right) \\[2mm] \gamma_{xy} = \dfrac{2(1+v)}{E}\tau_{xy} \end{cases} \tag{2-9}$$

$$\begin{cases} l\,(\sigma_x)_s + m\,(\tau_{yx})_s = \overline{X} \\[2mm] m\,(\sigma_y)_s + l\,(\tau_{xy})_s = \overline{Y} \end{cases} \tag{2-10}$$

$$\begin{cases} u_s = \overline{u} \\[2mm] v_s = \overline{v} \end{cases} \tag{2-11}$$

2.2.2　平面问题的应力函数

在求解弹性力学平面应力问题时,其应力分量除了要满足平衡微分方程和应力边界条件外,还应满足相容方程:

$$\nabla^2 (\sigma_x + \sigma_y) = 0 \tag{2-12}$$

引入艾里应力函数(Airy stress function) φ ,则相容方程变为

$$\nabla^4 \varphi = \frac{\partial^4 \varphi}{\partial x^4} + 2\frac{\partial^4 \varphi}{\partial x^2 \partial y^2} + \frac{\partial^4 \varphi}{\partial y^4} = 0 \tag{2-13}$$

其中,应力函数与应力分量的关系为

$$\begin{cases} \sigma_x = \dfrac{\partial^2 \varphi}{\partial y^2} - Xx \\[3mm] \sigma_y = \dfrac{\partial^2 \varphi}{\partial x^2} - Yy \\[3mm] \tau_{xy} = -\dfrac{\partial^2 \varphi}{\partial x \partial y} \end{cases} \tag{2-14}$$

当不计体力时,有

$$\begin{cases} \sigma_x = \dfrac{\partial^2 \varphi}{\partial y^2} \\[3mm] \sigma_y = \dfrac{\partial^2 \varphi}{\partial x^2} \\[3mm] \tau_{xy} = -\dfrac{\partial^2 \varphi}{\partial x \partial y} \end{cases} \tag{2-15}$$

因此,按应力求解弹性力学问题的实质在于确定一个应力函数 φ,使其满足相容方程式(2-13),并使其所表达出的应力分量能满足所有的边界条件。

2.2.3　平面问题的复变函数解

在直角坐标系和极坐标系下,可以求解一些形式较为简单的弹性力学平面问题。但是,这些方法只能用于某些边界比较特殊的平面问题,对于多连域问题则无能为力。

复变函数解法的实质仍然是在给定的边界条件下求解双调和方程的问题,但应用中是在给定的边界条件下寻找两个解析函数的问题。

取应力函数

$$\varphi = \mathrm{Re}\Big[\overline{z} f(z) + \int \psi(z)\,\mathrm{d}z \Big]$$

则可导出平面问题的应力解答:

$$\begin{cases} \sigma_x + \sigma_y = 4\mathrm{Re}[f'(z)] \\[2mm] \sigma_y - \sigma_x + 2\mathrm{i}\tau_{xy} = 2[\overline{z} f''(z) + \psi'(z)] \\[2mm] \sigma_z = \upsilon(\sigma_x + \sigma_y) \ \text{(平面应变)} \\[2mm] \sigma_z = 0 \quad \text{(平面应力)} \end{cases}$$

相应的位移解答为

$$u + \mathrm{i}v = \frac{1+\upsilon}{E}\big[k f(z) - \overline{z f'(z)} - \overline{\psi'(z)} \big]$$

其中,$k = 3 - 4\upsilon$(平面应力),或 $k = \dfrac{3-\upsilon}{1+\upsilon}$(平面应变)。

2.3　典型裂纹尖端的应力场和位移场

在实际情况中,Ⅰ型裂纹是最常见的情况,本节给出了这种裂纹的应力场和位移场的推导过程,并对Ⅱ型裂纹和Ⅲ型裂纹的应力场的计算思路和结果进行了阐述。

2.3.1　Ⅰ型裂纹的应力场和位移场

对于Ⅰ型裂纹,设有一含裂纹的双轴拉伸无限大平板,如图 2-3 所示,其边界条件为

(1) 当 $y = 0$, $-a < x < a$ 时, $\sigma_y = \tau_{xy} = 0$;

(2) 当 $|x| \to \infty$ 时, $\sigma_x = \sigma, \tau_{yx} = 0$; $|y| \to \infty$ 时, $\sigma_y = \sigma, \tau_{xy} = 0$。

为求解Ⅰ型裂纹的应力场和位移场,需要寻找一个应力函数满足上述相容方程以及边界条件。在此介绍一种 Westergaard 采用的复合应力函数:

$$\varphi = \text{Re}\,\overline{\overline{\phi}}(z) + y\text{Im}\,\overline{\phi}(z) \tag{2-16}$$

其中: $\phi(z)$ 是复变量 $z = x + iy$ 的解析函数; $\overline{\overline{\phi}}(z)$ 和 $\overline{\phi}(z)$ 分别是 $\phi(z)$ 的一次积分和二次积分。易证明,该应力函数能够满足式(2-13)所表达的相容方程。

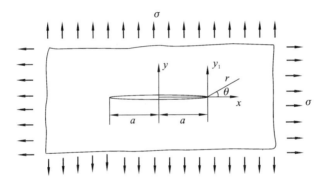

图 2-3　含裂纹的双轴拉伸无限大平板

由方程(2-15)有

$$\sigma_x = \text{Re}\,\overline{\overline{\phi}} + \frac{\partial^2}{\partial y^2}\text{Re}(y\text{Im}\,\overline{\phi}) \tag{2-17}$$

应用柯西-黎曼方程,有

$$\begin{cases} \dfrac{\partial \text{Re}\phi(z)}{\partial x} = \dfrac{\partial \text{Im}\phi(z)}{\partial y} = \text{Re}\phi'(z) \\[3mm] \dfrac{\partial \text{Im}\phi(z)}{\partial x} = \dfrac{\partial \text{Re}\phi(z)}{\partial y} = \text{Im}\phi'(z) \end{cases} \tag{2-18}$$

可导出应力分量的形式为

$$\begin{cases} \sigma_x = \text{Re}\phi(z) - y\text{Im}\phi'(z) \\ \sigma_y = \text{Re}\phi(z) + y\text{Im}\phi'(z) \\ \tau_{xy} = -\text{Re}\phi'(z) \end{cases} \tag{2-19}$$

为了满足上述边界条件,可将 $\phi(z)$ 取为

$$\phi(z) = \frac{\sigma}{\sqrt{1 - a^2/z^2}} \tag{2-20}$$

此时,在裂纹表面,即 $y = 0$ 处,有 $z = x$, $\phi(z) = \dfrac{\sigma}{\sqrt{1 - a^2/x^2}}$,故 $\sigma_y = \tau_{xy} = 0$
成立。

在无穷远处,即 $\sqrt{x^2 + y^2} \to \infty$ 处,有

$$\begin{cases} \lim\limits_{|z| \to \infty} \phi = \lim\limits_{|z| \to \infty} \dfrac{\sigma}{\sqrt{1 - a^2/z^2}} = \sigma \\[3mm] \lim\limits_{|z| \to \infty} \phi' = \lim\limits_{|z| \to \infty} \dfrac{\sigma a^2}{(z^2 - a^2)^{\frac{3}{2}}} = 0 \end{cases}$$

故 $\sigma_x = \sigma_y = \sigma, \tau_{xy} = 0$ 成立。

为描述裂纹尖端的应力特征,取新坐标 $\xi = z - a$,将坐标原点移动至裂纹右
侧尖端,则有

$$\phi_1(\xi) = \phi(z) = \frac{\sigma(\xi + a)}{\sqrt{\xi}\sqrt{(\xi + 2a)}} \tag{2-21}$$

在裂纹右侧尖端附近,即 $\xi \ll a$ 时,取式(2-21)的一次近似式:

$$\phi_1(\xi) = \sigma\sqrt{\frac{a}{2\xi}} \tag{2-22}$$

将坐标转化为极坐标 (r, θ) ,将 $\xi = re^{i\theta}$ 代入式(2-22)得

$$\phi_1(\xi) = \frac{\sigma\sqrt{a}}{\sqrt{2r}} e^{-\frac{1}{2}i\theta}$$

或

$$\phi_1(\xi) = \frac{\sigma\sqrt{\pi a}}{\sqrt{2\pi r}} e^{-\frac{1}{2}i\theta}$$

利用变换 $re^{i\theta} = r(\cos\theta + i\sin\theta)$ 有

$$\phi_1(\xi) = \frac{\sigma\sqrt{\pi a}}{\sqrt{2\pi r}} \left(\cos\frac{\theta}{2} - i\sin\frac{\theta}{2} \right) \tag{2-23}$$

及

$$\phi_1'(\xi) = -\frac{\sigma\sqrt{\pi a}}{2\sqrt{2\pi}} \xi^{\frac{3}{2}} = -\frac{\sigma\sqrt{\pi a}}{2\sqrt{2\pi}} \frac{1}{r^{\frac{3}{2}}} \left(\cos\frac{3\theta}{2} - i\sin\frac{3\theta}{2} \right) \tag{2-24}$$

将以上关系代入式(2-19),并考虑到 $y = r\sin\theta$,可得到双轴拉伸 I 型裂纹尖
端的应力场为

$$\begin{cases} \sigma_x = \dfrac{\sigma\sqrt{\pi a}}{\sqrt{2\pi r}}\cos\dfrac{\theta}{2}\left(1-\sin\dfrac{\theta}{2}\sin\dfrac{3\theta}{2}\right) \\[3mm] \sigma_y = \dfrac{\sigma\sqrt{\pi a}}{\sqrt{2\pi r}}\cos\dfrac{\theta}{2}\left(1+\sin\dfrac{\theta}{2}\sin\dfrac{3\theta}{2}\right) \\[3mm] \tau_{xy} = \dfrac{\sigma\sqrt{\pi a}}{\sqrt{2\pi r}}\sin\dfrac{\theta}{2}\cos\dfrac{\theta}{2}\cos\dfrac{3\theta}{2} \end{cases} \tag{2-25}$$

需要指出,以上推导只是求解该应力场的一种方法,还有其他几种更普遍的方法。

在上述裂纹前缘应力计算公式中,如果令 r 趋近于零,则各个应力分量的数值将趋于无限大,这表明裂纹尖端的应力分量是无限大的。实际上,由于裂纹前缘总是有或大或小的塑性区,因此不会产生无限大的应力,上述公式仅适用于弹性范围的应力分析。尽管如此,对于脆性材料,在塑性范围很小的情况下,利用上述公式也可以得到令人满意的描述裂纹前缘的应力状态。

当载荷条件为单轴加载时,载荷应力 σ 垂直于裂纹方向,如图 2-4 所示,其应力 σ_x 的表达式中需减去奇异项 σ ,即

$$\begin{cases} \sigma_x = \dfrac{\sigma\sqrt{\pi a}}{\sqrt{2\pi r}}\cos\dfrac{\theta}{2}\left(1-\sin\dfrac{\theta}{2}\sin\dfrac{3\theta}{2}\right)-\sigma \\[3mm] \sigma_y = \dfrac{\sigma\sqrt{\pi a}}{\sqrt{2\pi r}}\cos\dfrac{\theta}{2}\left(1+\sin\dfrac{\theta}{2}\sin\dfrac{3\theta}{2}\right) \\[3mm] \tau_{xy} = \dfrac{\sigma\sqrt{\pi a}}{\sqrt{2\pi r}}\sin\dfrac{\theta}{2}\cos\dfrac{\theta}{2}\cos\dfrac{3\theta}{2} \end{cases} \tag{2-26}$$

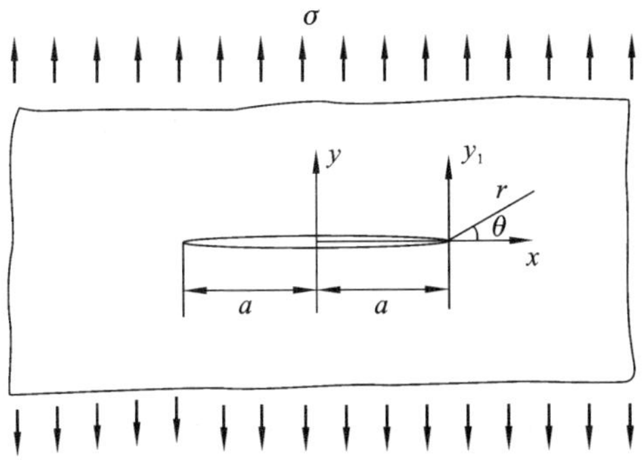

图 2-4　含裂纹的单轴拉伸无限大平板

式(2-22)是式(2-21)级数展开式的第一项,因此式(2-26)是近似解答,只适用于 $\xi \ll a$ 的情况。然而,这种限制导致了一个非常重要的结果。对每个 Ⅰ 型加载裂纹问题而言,为保证 $-a < x < a$ 时 $\sigma_y = 0$ 成立,$\phi(z)$ 的普遍表达形式中必然

包含因子 $\dfrac{1}{\sqrt{1-a^2/z^2}}$ ，这意味着，在 $\xi \ll a$ 的情况下所有的应力函数 $\phi_1(\xi)$ 均可表

达为

$$\phi_1(\xi) = \frac{f(\xi)}{\sqrt{\xi}} \tag{2-27}$$

而且，因为 $\xi \ll a$ ，所以可近似地认为 $\xi \to 0$ ， $f(\xi)$ 为常数（取为 $K_{\mathrm{I}}/\sqrt{2\pi}$ ），
于是有

$$\lim_{\xi \to 0} \phi_1(\xi) = \frac{K_{\mathrm{I}}}{\sqrt{2\pi\xi}} \tag{2-28}$$

由此可见，对每一个 I 型加载裂纹的应力函数而言，几何部分 $f(r,\theta)$ 保持相同，而只有 K_{I} 在变化。其结果是在裂纹尖端附近，由两个或两个以上不同的 I 型加载系统引起的总应力能够通过简单叠加得到。

上述解答只在裂纹尖端曲率半径为零的情况下才成立，而有时需要考虑有限曲率半径的裂纹。针对这个问题，Creager 和 Paris 简单地把极坐标原点移动了半个裂纹尖端半径的距离（图 2-5），得到了有限曲率半径的裂纹端部区域的应力场，即

$$\begin{cases} \sigma_x = \dfrac{\sigma\sqrt{\pi a}}{\sqrt{2\pi r}}\cos\dfrac{\theta}{2}\left(1 - \sin\dfrac{\theta}{2}\sin\dfrac{3\theta}{2}\right) - \dfrac{\sigma\sqrt{\pi a}}{\sqrt{2\pi r}}\left(\dfrac{\rho}{2r}\right)\cos\dfrac{3\theta}{2} \\[3mm] \sigma_y = \dfrac{\sigma\sqrt{\pi a}}{\sqrt{2\pi r}}\cos\dfrac{\theta}{2}\left(1 + \sin\dfrac{\theta}{2}\sin\dfrac{3\theta}{2}\right) + \dfrac{\sigma\sqrt{\pi a}}{\sqrt{2\pi r}}\left(\dfrac{\rho}{2r}\right)\cos\dfrac{3\theta}{2} \\[3mm] \tau_{xy} = \dfrac{\sigma\sqrt{\pi a}}{\sqrt{2\pi r}}\sin\dfrac{\theta}{2}\cos\dfrac{\theta}{2}\cos\dfrac{3\theta}{2} - \dfrac{\sigma\sqrt{\pi a}}{\sqrt{2\pi r}}\left(\dfrac{\rho}{2r}\right)\sin\dfrac{3\theta}{2} \end{cases} \tag{2-29}$$

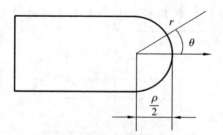

图 2-5　有限裂纹尖端半径的裂纹

值得注意的是，裂纹尖端处的坐标为 $r = \dfrac{\rho}{2}$ ，将其代入式（2-29）得到的应力是有限的，因此有限曲率半径的裂纹尖端没有应力奇异性。

以上应力解答中只给出了 xy 平面内的应力分量，其推导针对的是平面应力状态，即 $\sigma_z = 0$ 。若所求问题是平面应变状态，则可根据 $\sigma_z = \upsilon(\sigma_x + \sigma_y)$ 求出 σ_z 。

对于位移场的求解,只需将式(2-19)中的应力分量代入弹性力学平面问题的物理方程和几何方程,再通过积分处理即可得出位移分量的表达式,即

$$\begin{cases} u = \dfrac{1}{E}\left[(1-\upsilon)\operatorname{Re}\overline{\phi}_1 - (1+\upsilon)y\operatorname{Im}\phi_1 \right] \\ v = \dfrac{1}{E}\left[2\operatorname{Im}\overline{\phi}_1 - (1+\upsilon)y\operatorname{Re}\phi_1 \right] \end{cases} \tag{2-30}$$

将式(2-23)和式(2-24)代入式(2-30)可得位移分量为

$$\begin{cases} u = \dfrac{2(1+\upsilon)}{4E}\sigma\sqrt{\dfrac{ar}{2}}\left[(2k-1)\cos\dfrac{\theta}{2} - \cos\dfrac{3\theta}{2} \right] \\ v = \dfrac{2(1+\upsilon)}{4E}\sigma\sqrt{\dfrac{ar}{2}}\left[(2k+1)\sin\dfrac{\theta}{2} - \sin\dfrac{3\theta}{2} \right] \\ w = 0\,(\text{平面应力})\ \text{或}\ w = -\int\dfrac{\upsilon}{E}(\sigma_x + \sigma_y)\mathrm{d}z\,(\text{平面应变}) \end{cases} \tag{2-31}$$

2.3.2　Ⅱ 型裂纹的应力场和位移场

如图 2-6 所示,考虑一无限大板,中心有一长度为 $2a$ 的裂纹,在无穷远处受到均匀剪应力 τ 作用。

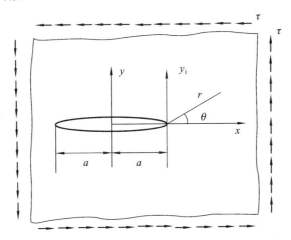

图 2-6　无穷远处受均匀剪应力作用的无限大含裂纹板

采用类似 2.3.1 节中介绍的方法,可以计算 Ⅱ 型裂纹的应力场,此时,所选用的应力函数形式为

$$\varphi = -y\operatorname{Re}\overline{\overline{\phi}}_{\mathrm{II}}(z) \tag{2-32}$$

由此导出的应力分量形式为

$$\begin{cases} \sigma_x = 2\operatorname{Im}\phi_{\mathrm{II}}(z) + y\operatorname{Re}\phi'_{\mathrm{II}}(z) \\ \sigma_y = -y\operatorname{Re}\phi'_{\mathrm{II}}(z) \\ \tau_{xy} = \operatorname{Re}\phi'_{\mathrm{II}}(z) - y\operatorname{Im}\phi'_{\mathrm{II}}(z) \end{cases} \tag{2-33}$$

将以上应力分量代入物理方程和几何方程,可求得位移表达式为(平面应变)

$$\begin{cases} u = \dfrac{1+v}{E}\left[\,2(1-v)\,\mathrm{Im}\,\overline{\phi'_{\mathbb{II}}}(z) + y\mathrm{Re}\phi_{\mathbb{II}}(z)\,\right] \\[3mm] v = \dfrac{1+v}{E}\left[\,-(1-2v)\,\mathrm{Re}\,\overline{\phi_{\mathbb{II}}}(z) - y\mathrm{Im}\phi_{\mathbb{II}}(z)\,\right] \end{cases} \tag{2-34}$$

选取函数

$$\phi_{\mathbb{II}}(z) = \frac{\tau z}{z^2 - a^2} \tag{2-35}$$

容易验证该式满足全部边界条件。

取新坐标 $\xi = z - a$,将坐标原点移动至裂纹右侧尖端,则有

$$\phi_{\mathbb{II}}(\xi) = \frac{f(\xi)}{\sqrt{\xi}} \tag{2-36}$$

其中,

$$f(\xi) = \frac{\tau(\xi + a)}{\sqrt{\xi + 2a}} \tag{2-37}$$

将 $\phi_{\mathbb{II}}(\xi)$ 的表达式代入式(2-33)和式(2-34)后取值,并采用极坐标表示复变函数,则可得到 $\mathbb{II}$ 型裂纹尖端附近的应力场和位移场表达式:

$$\begin{cases} \sigma_x = -\dfrac{\tau\sqrt{\pi a}}{\sqrt{2\pi r}}\sin\dfrac{\theta}{2}\left(2 + \cos\dfrac{\theta}{2}\cos\dfrac{3\theta}{2}\right) \\[3mm] \sigma_y = \dfrac{\tau\sqrt{\pi a}}{\sqrt{2\pi r}}\sin\dfrac{\theta}{2}\left(\cos\dfrac{\theta}{2}\cos\dfrac{3\theta}{2}\right) \\[3mm] \tau_{xy} = \dfrac{\tau\sqrt{\pi a}}{\sqrt{2\pi r}}\cos\dfrac{\theta}{2}\left(1 - \sin\dfrac{\theta}{2}\sin\dfrac{3\theta}{2}\right) \\[3mm] \tau_{xz} = \tau_{yz} = 0 \\[2mm] \sigma_z = v(\sigma_x + \sigma_y)\quad(\text{平面应变})\ \text{或}\ \sigma_z = 0\quad(\text{平面应力}) \end{cases} \tag{2-38}$$

$$\begin{cases} u = \dfrac{2(1+v)\tau}{4E}\sqrt{\dfrac{ar}{2}}\left[(2k+3)\sin\dfrac{\theta}{2} + \sin\dfrac{3\theta}{2}\right] \\[3mm] v = \dfrac{2(1+v)\tau}{4E}\sqrt{\dfrac{ar}{2}}\left[(2k-2)\cos\dfrac{\theta}{2} + \cos\dfrac{3\theta}{2}\right] \\[3mm] w = 0\quad(\text{平面应力})\ \text{或}\ w = -\dfrac{v}{E}\displaystyle\int(\sigma_x + \sigma_y)\mathrm{d}z\quad(\text{平面应变}) \end{cases} \tag{2-39}$$

2.3.3　Ⅲ型裂纹的应力场和位移场

该问题的受力情况如图 2-7 所示,一含裂纹的无限大平板,在无穷远处,受到与 xz 平面平行且沿 z 轴方向的剪应力 τ 的作用。该问题不属于平面问题,它是反平面问题。由于裂纹面沿 z 方向错开,因此平行于 xy 平面的位移 $u = 0, v = 0$,而只有 z 方向的位移 $w \neq 0$。

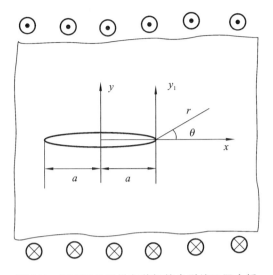

图 2-7　无穷远处受纵向剪切的含裂纹无限大板

按位移法求解,由弹性力学的几何方程和物理方程,有

$$
\begin{cases}
\gamma_{xz} = \dfrac{\partial u}{\partial z} + \dfrac{\partial w}{\partial x} = \dfrac{\partial w}{\partial x} = \dfrac{2(1+v)}{E}\tau_{xz} \\[2mm]
\gamma_{yz} = \dfrac{\partial v}{\partial z} + \dfrac{\partial w}{\partial y} = \dfrac{\partial w}{\partial y} = \dfrac{2(1+v)}{E}\tau_{yz} \\[2mm]
\sigma_x = \sigma_y = \tau_{xy} = 0
\end{cases}
\tag{2-40}
$$

则平衡方程只剩下

$$
\frac{\partial \tau_{xz}}{\partial x} + \frac{\partial \tau_{yz}}{\partial y} = 0
\tag{2-41}
$$

将其用位移表示为

$$
\frac{\partial^2 w}{\partial x^2} + \frac{\partial^2 w}{\partial y^2} = \nabla^2 w = 0
\tag{2-42}
$$

采用复变函数法求解,选取

$$
w = \frac{2(1+v)}{E} \operatorname{Im} \overline{\phi}_{\text{III}}(z)
\tag{2-43}
$$

显然,此函数满足式(2-42)。

利用柯西-黎曼条件有

$$
\begin{cases}
\tau_{xz} = \dfrac{E}{2(1+v)} \dfrac{\partial w}{\partial x} = \dfrac{E}{2(1+v)} \dfrac{\partial \operatorname{Im}\overline{\phi}_{\text{III}}}{\partial x} = \operatorname{Im}\phi_{\text{III}} \\[3mm]
\tau_{yz} = \dfrac{E}{2(1+v)} \dfrac{\partial w}{\partial y} = \dfrac{E}{2(1+v)} \dfrac{\partial \operatorname{Im}\overline{\phi}_{\text{III}}}{\partial y} = \operatorname{Re}\phi_{\text{III}}
\end{cases}
\tag{2-44}
$$

为满足边界条件,选取函数

$$\phi_{\mathrm{III}}(z) = \frac{\tau z}{\sqrt{z^2 - a^2}} \tag{2-45}$$

取新坐标 $\xi = z - a$，将坐标原点移动至裂纹右侧尖端，则有

$$\phi_{\mathrm{III}}(\xi) = \frac{\tau(\xi + a)}{\sqrt{(\xi + 2a)\xi}} \tag{2-46}$$

将 $\phi_{\mathrm{III}}(\xi)$ 的表达式代入式(2-29)和式(2-30)后取值，并采用极坐标表示复变函数，则可得到Ⅲ型裂纹尖端附近的应力场和位移场表达式（平面应变）：

$$\begin{cases} \tau_{xz} = -\tau\sqrt{\dfrac{a}{2r}}\sin\dfrac{\theta}{2} \\[2mm] \tau_{yz} = \tau\sqrt{\dfrac{a}{2r}}\cos\dfrac{\theta}{2} \\[2mm] \sigma_x = \sigma_y = \sigma_z = \tau_{xy} = 0 \end{cases} \tag{2-47}$$

$$\begin{cases} w = \dfrac{2(1+\upsilon)}{E}\tau\sqrt{2ra}\sin\dfrac{\theta}{2} \\[2mm] u = \upsilon = 0 \end{cases} \tag{2-48}$$

思 考 题

1. 裂纹按其受力特征可以分为哪几类？
2. 裂纹尖端的应力场和位移场的主要推导思路是什么？

参 考 文 献

［1］　褚武扬. 断裂力学基础[M]. 北京:科学出版社,1979.

［2］　程勒,赵树山. 断裂力学[M]. 北京:科学出版社,2006.

［3］　EWALDS H L,WANHIL R J H. 断裂力学[M]. 朱永昌，浦素云,译. 北京:北京航空航天大学出版社,1988.

第3章 应力强度因子

根据目前的断裂力学研究可知,导致构件设备及材料物质断裂破坏的原因和涉及的影响因素极其复杂,而构件和材料在制作、运输和使用过程中形成的极小缺陷区域中的极大应力、应变场占主导的影响作用。但由于这个区域用应力和应变场表示时没有意义,故在断裂力学中将缺陷视为裂纹并用应力强度因子表示应力场强弱,这在某种意义上表达了由于裂纹的存在裂纹尖端应力集中的程度。而不同情况下,应力强度因子的计算原理和叠加原理都有所区别,尤其是复杂裂纹的计算及叠加、考虑多个裂纹、实际的裂纹检测和安全评估等问题有待完善。

在断裂力学中,以裂纹面和载荷作用方向为分类准则,可将裂纹分为Ⅰ、Ⅱ、Ⅲ型三种基本类型。本章先介绍裂纹应力强度因子 K_{I} 的叠加原理及无限大板Ⅰ型裂纹应力强度因子的计算,第二节介绍Ⅰ、Ⅱ型复合裂纹问题中 K 的表达式,然后探讨有限宽板穿透裂纹应力强度因子的计算,引出了威廉氏(Williams)的应力函数和应力公式。由于在对构件进行安全评价时,无损探伤的缺陷不一定是裂纹,因此研究人员提出了实际裂纹的近似处理及叠加原理应用方法。考虑实际的金属材料并非完全属于线弹性材料,而是有不同程度的塑性,因此在裂纹前端的材料总不可避免地要产生塑性变形,于是研究人员提出了塑性区及其修正方法。最后对裂纹体进行能量分析,提出裂纹扩张的能量释放率 G,并探讨了 G 与 K 的关系。

3.1 裂纹应力强度因子

随着现代高强材料和大型结构的广泛应用,一些按传统强度理论和常规方法设计建造的构件,在复杂受载环境条件下,会出现较多重大结构断裂破坏事故。从这些断裂破坏事故中分析原因发现,构件断裂皆与局部结构裂纹和缺陷有关。裂纹的存在影响整个结构系统的安全稳定性,甚至诱发整个结构系统的失效破坏。在断裂力学理论的工程实践应用过程中,应力强度因子是判断含裂纹结构的断裂和计算裂纹扩展速率的重要参数,也是反映裂纹尖端弹性应力场强弱的物理量,和裂纹尺寸、构件几何特征以及载荷有关。

在断裂力学中,应力强度因子可以表示为

$$K_{\mathrm{I}} = \alpha\sigma\sqrt{\pi a} \tag{3-1}$$

式中:σ 为名义应力(裂纹位置上按无裂纹计算的应力);a 为裂纹尺寸;α 为形状系数(与裂纹大小、位置有关)。

可以看出,对线弹性体来说,应力强度因子和载荷成线性关系,并与物体和裂纹的几何形状及尺寸有关。应力强度因子可有效表征裂纹尖端附近的应力场强度,可作为判断裂纹失稳状态的指标。应力强度因子的引入消除了由裂纹引起的应力奇异性导致的数学困扰,其计算依赖于裂纹尖端局部应力场。

3.1.1 K_I 叠加原理及应力场叠加原理

1. K_I 叠加原理

线弹性理论的叠加原理:几个载荷同时作用于某一弹性体,载荷组在某一点引起的应力和位移等于各单个载荷在该点引起应力和位移的分量之总和。

上述叠加原理对 K_I 也适用。证明如下:

由前述可知

$$K_I = \lim_{r \to 0} \sqrt{2\pi r} \sigma_y \quad (\theta = 0) \tag{3-2}$$

设在外载荷 T_1 作用下,裂纹前端应力场为 $\sigma_y^{(1)}(\theta = 0)$,应力强度因子为

$$K_I^{(1)} = \lim_{r \to 0} \sqrt{2\pi r} \sigma_y^{(1)} \quad (\theta = 0) \tag{3-3}$$

在外载荷 T_2 作用下,裂纹前端应力场为 $\sigma_y^{(2)}(\theta = 0)$,应力强度因子为

$$K_I^{(2)} = \lim_{r \to 0} \sqrt{2\pi r} \sigma_y^{(2)} \quad (\theta = 0) \tag{3-4}$$

如外载荷($T_1 + T_2$)联合作用,则它们在裂纹前端引起的应力场为

$$\sigma(\theta = 0) = \sigma_y^{(1)} + \sigma_y^{(2)} \tag{3-5}$$

($T_1 + T_2$)产生的应力强度因子为

$$\begin{aligned}
K_I &= \lim_{r \to 0} \sqrt{2\pi r} \sigma_y (\theta = 0) \\
&= \lim_{r \to 0} \sqrt{2\pi r} [\sigma_y^{(1)}(\theta = 0) + \sigma_y^{(2)}(\theta = 0)] \\
&= \lim_{r \to 0} \sqrt{2\pi r} \sigma_y^{(1)}(\theta = 0) + \lim_{r \to 0} \sqrt{2\pi r} \sigma_y^{(2)}(\theta = 0) \\
&= K_I^{(1)} + K_I^{(2)}
\end{aligned}$$

这表明,在复杂载荷组作用下,裂纹尖端处的总应力强度因子等于各单个载荷作用下,各应力强度因子的代数和。这就是 K_I 的叠加原理。利用该原理,在求复杂载荷下的 K_I 时,可以把它分解为几个简单载荷条件下的 K_I 之和,后者可从已有的应力强度因子手册中查到。

2. 应力场叠加原理

一个受单向拉伸的中心贯穿裂纹,其 $K_I = \sigma \sqrt{\pi a}$,分析其受载条件,可以看成图 3-1(b)(c)叠加而成。图 3-1(b)所示的外界受力条件和图 3-1(a)的相同。板

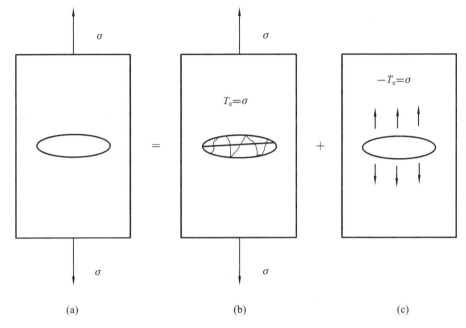

图 3-1　应力场的叠加原理示意图

内无裂纹,但在裂纹面所在位置上受到一个面力 $T_0 = \sigma$ 的作用,这个面力的作用恰好使裂纹闭合,从而图 3-1(b)所示的板变成了一个受单向拉伸的无裂纹体了,其 $K_{\mathrm{I}}^{\mathrm{b}} = 0$。$T_0$ 就是无裂纹时外边界约束在裂纹所在处产生的内应力场。图 3-1 (c)所示为外边界没有约束(不受力作力)但在裂纹面上作用有 $T_0 = \sigma$ 的力,根据前面所述,裂纹面上有均匀分布载荷 σ 作用时,其 K_{I} 为

$$K_{\mathrm{I}}^{\mathrm{a}} = \sigma \sqrt{\pi a}$$

由叠加原理:　　　　　$K_{\mathrm{I}}^{\mathrm{a}} = K_{\mathrm{I}}^{\mathrm{b}} + K_{\mathrm{I}}^{\mathrm{c}} = K_{\mathrm{I}}^{\mathrm{c}} = \sigma \sqrt{\pi a}$

即　　　　　　　　　　　　　　$K_{\mathrm{I}}^{\mathrm{a}} = K_{\mathrm{I}}^{\mathrm{c}}$　　　　　　　　　　　(3-6)

由此得应力场叠加原理:在复杂外界约束的情况下(图 3-2(a)),即裂纹边界同时有外力 T 和位移 u,裂纹前端的 $K_{\mathrm{I}}^{\mathrm{a}}$ 等于没有外界约束,但在裂纹面上反向作用着内应力场 T_0 所导致的 $K_{\mathrm{I}}^{\mathrm{c}}$,即 $K_{\mathrm{I}}^{\mathrm{a}} = K_{\mathrm{I}}^{\mathrm{c}}$。

一般说来,利用弹性力学方法可求出一个实际构件无裂纹时外界约束在裂纹所在处的内应力场 T_0。如果它和某一简单几何体无裂纹的 T_0 相同,则利用应力场叠加原理及类比方法,可以认为两种情况下,相同几何裂纹前端的 K_{I} 是近似相同的,即可用简单几何、外力条件下的 K_{I} 来近似复杂构件、复杂外力条件下的 K_{I}。

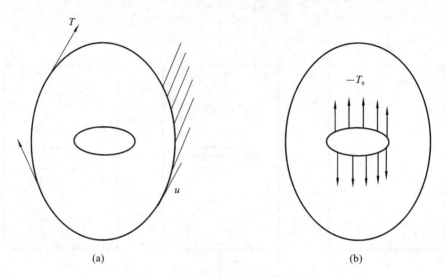

(a)　　　　　　　　　　　　　(b)

图 3-2　复杂外界约束情况下的裂纹体

3.1.2　无限大板Ⅰ型裂纹应力强度因子

对于无限大板Ⅰ型裂纹问题,由极坐标下裂纹尖端应力强度因子与应力间的关系

$$
\begin{cases}
\sigma_x = \dfrac{K_{\text{I}}}{\sqrt{2\pi r}}\cos\dfrac{\theta}{2}\left(1-\sin\dfrac{\theta}{2}\sin\dfrac{3\theta}{2}\right)\\[2mm]
\sigma_y = \dfrac{K_{\text{I}}}{\sqrt{2\pi r}}\cos\dfrac{\theta}{2}\left(1+\sin\dfrac{\theta}{2}\sin\dfrac{3\theta}{2}\right)\\[2mm]
\tau_{xy} = \dfrac{K_{\text{I}}}{\sqrt{2\pi r}}\cos\dfrac{\theta}{2}\sin\dfrac{\theta}{2}\cos\dfrac{3\theta}{2}
\end{cases}
\tag{3-7}
$$

可知,当 $\theta = 0$ 时(即在裂纹延伸方向),

$$
\sigma_y = \sigma_x = \frac{K_{\text{I}}}{\sqrt{2\pi r}}
\tag{3-8}
$$

故Ⅰ型裂纹应力强度因子

$$
K_{\text{I}} = \lim_{r\to 0}\sqrt{2\pi r}\cdot\sigma_y\big|_{y=0}
\tag{3-9}
$$

更一般的,由于

$$
Z_{\zeta\to 0} = \frac{\sigma a}{\sqrt{2a\zeta}} = \frac{\sigma\sqrt{\pi a}}{\sqrt{2\pi\zeta}} = \frac{K}{\sqrt{2\pi\zeta}}
\tag{3-10}
$$

其中,σ 是应力,a 是裂纹尺寸,ζ 是新坐标。所以

$$
K = \lim_{\zeta\to 0}\sqrt{2\pi\zeta}\cdot Z
\tag{3-11}
$$

这是求应力强度因子的一般方式,对Ⅱ、Ⅲ型裂纹均适用,因此只要求出的 Z

函数满足边界条件,就可以由式(3-11)求出应力强度因子,从而确定裂纹尖端的应力应变场。下面分别对不同情况进行讨论。

(1)受二向均匀拉应力作用的无限大板,具有长为 $2a$ 的穿透直线裂纹,如图 3-3 所示。

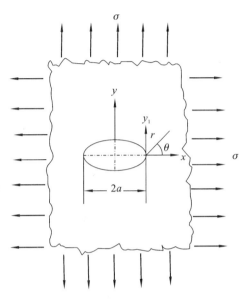

图 3-3　双向受拉的 I 型裂纹

取 Z 函数为 $Z = \dfrac{\sigma z}{\sqrt{z^2 - a^2}}$,把坐标原点移到裂纹右侧端点,并以 ζ 为新坐标。

即:$\zeta = z - a$,$z = \zeta + a$,代入 Z 函数表达式有

$$Z = \frac{\sigma(\zeta + a)}{\sqrt{(\zeta + 2a)\zeta}} \tag{3-12}$$

代入式(3-11)便有

$$K_{\mathrm{I}} = \lim_{|\zeta| \to 0} \sqrt{2\pi\zeta} \cdot Z = \lim_{|\zeta| \to 0} \sqrt{2\pi\zeta} \cdot \frac{\sigma(\zeta + a)}{\sqrt{(\zeta + 2a)\zeta}}$$

$$= \lim_{|\zeta| \to 0} \frac{\sqrt{2\pi}\,\sigma(\zeta + a)}{\sqrt{\zeta + 2a}} = \sigma\sqrt{\pi a} \tag{3-13}$$

(2)在无限大平板中具有长度为 $2a$ 的穿透板厚的裂纹的表面上,距离 $x = \pm b$ 处各作用有一对集中力 p,如图 3-4 所示。

在这种情况下,取复变分析函数:

$$Z = \frac{2pz\,\sqrt{a^2 - b^2}}{\pi(z^2 - b^2)\,\sqrt{z^2 - a^2}} \tag{3-14}$$

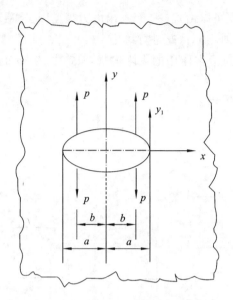

图 3-4　无限大平板的裂纹集中力分布情况 1

可以验证有以下条件：

① 在 $z \to \infty$ 处，$\sigma_x = \sigma_y = \tau_{xy} = 0$ ；

② 在 $|z| < a$ ，除去 $z = \pm b$ 处的裂纹自由面上 $\sigma_y = 0$ ，$\tau_{xy} = 0$ ；

③ 如切出 xy 坐标系的第一象限的薄平板，在 x 轴所在截面上内力的总和为 p 。

将坐标原点移到裂纹尖端处，即以 $\zeta = z - a$ 为新坐标，将 $z = \zeta + a$ 代入式
(3-14)有

$$Z = \frac{2p(\zeta + a)\sqrt{a^2 - b^2}}{\pi \left[(\zeta + a)^2 - b^2 \right] \sqrt{\zeta(\zeta + 2a)}} \tag{3-15}$$

则

$$K_{\mathrm{I}} = \lim_{|\zeta| \to 0} \sqrt{2\pi\zeta} \cdot Z = \lim_{|\zeta| \to 0} \frac{2\sqrt{2\pi} p(\zeta + a)\sqrt{a^2 - b^2}}{\pi \left[(\zeta + a)^2 - b^2 \right] \sqrt{\zeta + 2a}}$$

$$= \frac{2p \cdot \sqrt{a} \cdot \sqrt{a^2 - b^2}}{\sqrt{\pi} \cdot (a^2 - b^2)} = \frac{2p\sqrt{a}}{\sqrt{\pi(a^2 - b^2)}} \tag{3-16}$$

式(3-16)提供的解答是很重要的，利用它根据叠加原理可以解决很多问题。

（3）在无限大平板中，具有长度为 $2a$ 的穿透板厚的裂纹的表面上，在距离 $x = \pm a_1$ 的范围内，板受有均布载荷 q 的作用，如图 3-5 所示。

在这种情况下，可不必像之前那样去找满足边界条件的 Z 函数，可根据式(3-16)提供的解答运用叠加原理，直接计算出应力强度因子 K_{I} 的值。

在 $x = \pm a_1$ 范围内，取微段 db ，在 db 上作用的载荷 qdb 可看成集中力，用

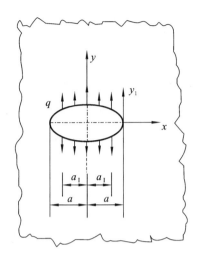

图 3-5　无限大平板的裂纹集中力分布情况 2

qdb 代替式(3-16)中的 p ,并利用叠加原理可得

$$K_{\text{I}} = \int_0^{a_{\text{I}}} \frac{2qdb}{\sqrt{a^2 - b^2}} \sqrt{\frac{a}{\pi}} \tag{3-17}$$

在式(3-17)中,令 $b = a\sin\theta$,则 $\sqrt{a^2 - b^2} = a\cos\theta$,将 $db = a\cos\theta \cdot \mathrm{d}\theta$ 代入式(3-17)并积分可得

$$K_{\text{I}} = 2q\sqrt{\frac{a}{\pi}} \int_0^{\arcsin(\frac{a_{\text{I}}}{a})} \frac{a\cos\theta \mathrm{d}\theta}{a\cos\theta} = 2q\sqrt{\frac{a}{\pi}} \arcsin\left(\frac{a_{\text{I}}}{a}\right) \tag{3-18}$$

当整个裂纹表面上均有均布载荷 q 作用时,只要将式(3-18)中的 a_{I} 用裂纹的边长 a 代替,即可得到在此种情况下的应力强度因子 K_{I} 的值,即

$$K_{\text{I}} = 2q\sqrt{\frac{a}{\pi}} \arcsin\left(\frac{a}{a}\right) = 2q\sqrt{\frac{a}{\pi}} \cdot \frac{\pi}{2} = q\sqrt{\pi a} \tag{3-19}$$

(4) 受二向均匀拉力作用的无限大平板,在 x 轴上有一系列长度为 $2a$、间距为 $2b$ 的裂纹,如图 3-6 所示。

图 3-6 的情况和图 3-3 的情况都是板受二向拉应力作用,但图 3-3 是单个裂纹,而图 3-6 则是一系列周期性裂纹。

边界条件:由于裂纹是周期分布的,因此边界条件也具有周期性,即

① $z \to \infty$(因 $z = x + \mathrm{i}y$,当 $y = 0$ 时, $z = x$)时, $\sigma_x = \sigma_y = \sigma$;

②在所有裂纹内部应力为零,即在 $y = 0$, $-a < x < a$, $-a \pm 2b < x < a \pm 2b$,… 区间内都有 $\sigma_y = 0$;

③在所有裂纹前端, $\sigma_y > \sigma$ 。

在单个裂纹条件下,已知满足全部边界条件的复变解析函数是

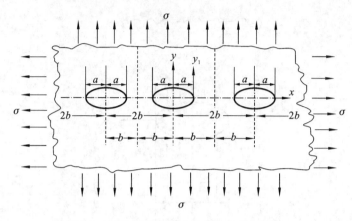

图 3-6　无限大平板的裂纹集中力分布情况 3

$$Z = \frac{\sigma z}{\sqrt{z^2 - a^2}} \tag{3-20}$$

现在除了要保证 $-a < x < a$ 时，$\sigma_y = 0$（即 Z 是虚函数，因 $\sigma_y = \mathrm{Re}Z$）外，还要保证在 $-a \pm 2b < x < a \pm 2b$ 等区间内 Z 是虚函数，因此 Z 必须是 $2b$ 的周期函数。最简单的周期函数是正弦函数，如 $\sin\dfrac{\pi z}{2b}(a + n2b) = \sin\dfrac{\pi}{2b}z$（$n$ 是任意整数）和 $\sin\dfrac{\pi a}{2b}(a + n2b) = \sin\dfrac{\pi}{2b}a$。在式（3-20）中用 $\sin\dfrac{\pi}{2b}z$ 代替 z，用 $\sin\dfrac{\pi}{2b}a$ 代替 a，得

$$Z = \frac{\sigma \sin\dfrac{\pi z}{2b}}{\sqrt{\left(\sin\dfrac{\pi z}{2b}\right)^2 - \left(\sin\dfrac{\pi a}{2b}\right)^2}} \tag{3-21}$$

式（3-21）即可满足上述三个边界条件，所以式（3-21）就是周期裂纹的 Z 函数。

类似单个裂纹，将坐标原点从裂纹中心移到裂纹右端部，即取坐标 $\zeta = z - a$，将 $z = \zeta + a$ 代入式（3-21），得

$$Z = \frac{\sigma \sin\dfrac{\pi}{2b}(\zeta + a)}{\sqrt{\left[\sin\dfrac{\pi}{2b}(\zeta + a)\right]^2 - \left[\sin\dfrac{\pi}{2b}a\right]^2}}$$

当 $|\zeta| \to 0$ 时，$\sin\dfrac{\pi}{2b}\zeta = \dfrac{\pi}{2b}\zeta$，$\cos\dfrac{\pi}{2b}\zeta = 1$，有

$$Z \underset{|\zeta| \to 0}{=} \frac{\sigma \sin\dfrac{\pi a}{2b}}{\sqrt{\dfrac{2\pi\zeta}{2b}\cos\dfrac{\pi a}{2b}\sin\dfrac{\pi a}{2b}}} = \frac{1}{\sqrt{2\pi\zeta}}\sigma\sqrt{2b\tan\dfrac{\pi a}{2b}}$$

将上式代入式(3-11),有

$$K_{\text{I}} = \lim_{|\zeta| \to 0} \sqrt{2\pi\zeta} Z = \sigma\sqrt{\pi a}\sqrt{\frac{2b}{\pi a}\tan\frac{\pi a}{2b}} \tag{3-22}$$

从式(3-22)可看出,其中的 $\sigma\sqrt{\pi a}$ 为上述无限大平板中仅有单个裂纹时的应力强度因子 K_{I} 的表达式。因此式(3-22)右端的系数 $M_\omega = \left(\frac{2b}{\pi a}\tan\frac{\pi a}{2b}\right)^{\frac{1}{2}}$ 可看作由于其他裂纹的存在 K_{I} 的修正系数。这个修正系数是不小于 1 的数,因此,由于其他裂纹的存在,应力强度因子 K_{I} 的值有所提高。

据叠加原理,类似单个裂纹,叠加另一套应力 $\sigma_x^* = -\sigma,\sigma_y^* = 0$ 并不改变 K_{I} 值。所以式(3-22)也可看作无限大平板仅受 y 向均匀拉应力作用时 K_{I} 的表达式。

如将上述无限大平板沿相邻裂纹中线(图 3-6 中点画线)切开成宽度为 $2b$ 的有限板条,则式(3-22)也可看作有限宽板中心穿透裂纹受单向拉应力时的 K_{I} 值近似表达式,这时 M_ω 就称为宽度修正系数。

因为真正有限宽板两边界沿 x 向可自由变形而不受约束,而周期性裂纹无限宽板沿虚线处的截面不能沿 x 向变形,故 M_ω 值有一定的近似性,其严格解为

$$M_\omega = \frac{1}{\sqrt{\pi}}\left[\sqrt{\pi} + 0.227\left(\frac{2a}{2b}\right) - 0.510\left(\frac{2a}{2b}\right)^2 + 2.7\left(\frac{2a}{2b}\right)^3\right]$$

或

$$M_\omega = \sqrt{\sec\frac{\pi a}{2b}} \tag{3-23}$$

当 $\frac{2a}{2b} < 0.5$ 时,三个式子的误差小于 7%,故一般可通用。

如裂纹间距离比裂纹本身尺寸大很多(如 $\frac{2a}{2b} < \frac{1}{5}$),则 $M_\omega = 1$,可不考虑相互作用,按单个裂纹的 K_{I} 计算。

3.1.3　无限大平板 Ⅱ、Ⅲ 型裂纹问题应力强度因子

1. Ⅱ 型裂纹

无限大平板 Ⅱ 型裂纹应力强度因子 K_{II} 的一般表达式也为

$$K_{\text{II}} = \lim_{|\zeta| \to 0} \sqrt{2\pi\zeta} \cdot Z \tag{3-24}$$

其中,Z 是根据边界条件得到的复变解析函数。

能满足图 3-7 所示的 Ⅱ 型裂纹问题的全部边界条件的 Z 函数为

$$Z = \frac{\tau z}{\sqrt{z^2 - a^2}} \tag{3-25}$$

将坐标原点移到裂纹右端点处,根据坐标变换,Z 函数可改写为

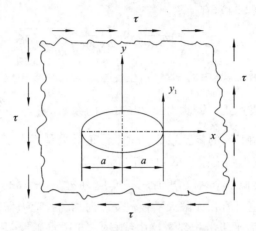

图 3-7　无限大平板 Ⅱ 型裂纹剪力分布情况 1

$$Z = \frac{\tau(\zeta + a)}{\sqrt{\zeta(\zeta + 2a)}} \tag{3-26}$$

代入 K_{II} 的表达式便有

$$K_{\text{II}} = \lim_{|\zeta| \to 0} Z \sqrt{2\pi\zeta} = \lim_{|\zeta| \to 0} \frac{\tau(\zeta + a)}{\sqrt{\zeta(\zeta + 2a)}} \sqrt{2\pi\zeta} = \tau \sqrt{\pi a} \tag{3-27}$$

2. 周期性裂纹

无限大平板中有一系列周期性的裂纹,且在无限远的边界处平板面内有纯剪应力作用,如图 3-8 所示。

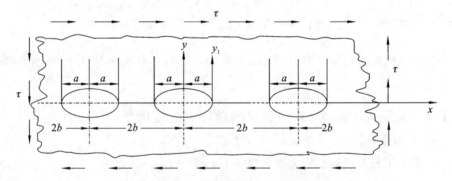

图 3-8　无限大平板 Ⅱ 型裂纹剪力分布情况 2

根据前面的方法,可获得能满足这一问题边界条件的复变解析函数 Z。即在单个裂纹情况下,复变解析函数表达式(3-25)中的 z 用周期函数 $\sin \dfrac{\pi z}{2b}$ 代替,a 用周期函数 $\sin \dfrac{\pi a}{2b}$ 代替,由此得到

$$Z = \frac{\tau \sin \frac{\pi z}{2b}}{\sqrt{\left(\sin \frac{\pi z}{2b}\right)^2 - \left(\sin \frac{\pi a}{2b}\right)^2}} \tag{3-28}$$

当坐标原点移至所研究裂纹右端时,根据坐标变换,Z 函数变为

$$Z = \frac{\tau \sin \frac{\pi(\zeta + a)}{2b}}{\sqrt{\left[\sin \frac{\pi(\zeta + a)}{2b}\right]^2 - \left(\sin \frac{\pi a}{2b}\right)^2}} \tag{3-29}$$

经过与前面类似的三角函数运算,可得应力强度因子 K_{II} 的表达式为

$$K_{\mathrm{II}} = \lim_{|\zeta| \to 0} \sqrt{2\pi\zeta} Z = \tau \sqrt{\pi a} \sqrt{\frac{2b}{\pi a} \tan \frac{\pi a}{2b}} \tag{3-30}$$

其中,$\tau \sqrt{\pi a}$ 是单个裂纹时的应力强度因子 K_{II} 的值,同样可将 $\left(\frac{2b}{\pi a} \tan \frac{\pi a}{2b}\right)^{\frac{1}{2}}$ 看作由于其他裂纹的存在 K_{II} 的修正系数。对比 I 型和 II 型裂纹情况,可发现只要将应力 σ 改为 τ,两种应力强度因子 K_{I}、K_{II} 是相同的。

3. III 型裂纹

无限大平板 III 型裂纹应力强度因子 K_{III} 的一般表达式为

$$K_{\mathrm{III}} = \lim_{|\zeta| \to 0} \sqrt{2\pi\zeta} \cdot Z \tag{3-31}$$

同样,Z 是能满足边界条件的复变解析函数。

当无限大平板中有一长度为 $2a$ 的裂纹,且在平板的无穷远边界上有沿 z 方向且与 xz 平面平行的剪应力作用时,满足边界条件的复变解析函数是

$$Z = \frac{\tau z}{\sqrt{z^2 - a^2}} \tag{3-32}$$

将坐标原点移到裂纹右端时,式(3-32)可改写为

$$Z = \frac{\tau(\zeta + a)}{\sqrt{\zeta(\zeta + 2a)}} \tag{3-33}$$

可得 K_{III} 的值为

$$K_{\mathrm{III}} = \lim_{|\zeta| \to 0} \sqrt{2\pi\zeta} \cdot Z = \tau \sqrt{\pi a} \tag{3-34}$$

3.2　复合型裂纹应力强度因子的计算

3.2.1　复变应力函数的普遍形式

前述选用的复变应力函数是双调和函数的特殊形式,只能用来解决一部分简单裂纹问题,现在来推导用复变解析函数表示双调和函数的普遍形式。

设:

$$z = x + \mathrm{i}y, \quad \bar{z} = (x - \mathrm{i}y) \tag{3-35}$$

则 z 和 $\bar{z}$ 为共轭复变数,它们对 x,y 的偏导数分别为

$$\frac{\partial z}{\partial x} = 1, \quad \frac{\partial z}{\partial y} = \mathrm{i}; \quad \frac{\partial \bar{z}}{\partial x} = 1, \quad \frac{\partial \bar{z}}{\partial y} = -\mathrm{i} \tag{3-36}$$

如果有一实变函数 $f(x,y)$,则其可由式(3-35)的关系变为 $f(z,\bar{z})$,$f(z,\bar{z})$ 对 x,y 的偏导数可以写成

$$\begin{cases} \dfrac{\partial f}{\partial x} = \dfrac{\partial f}{\partial z}\dfrac{\partial z}{\partial x} + \dfrac{\partial f}{\partial \bar{z}}\dfrac{\partial \bar{z}}{\partial x} = \dfrac{\partial f}{\partial z} + \dfrac{\partial f}{\partial \bar{z}} \\[3mm] \dfrac{\partial f}{\partial y} = \dfrac{\partial f}{\partial z}\dfrac{\partial z}{\partial y} + \dfrac{\partial f}{\partial \bar{z}}\dfrac{\partial \bar{z}}{\partial y} = \mathrm{i}\dfrac{\partial f}{\partial z} - \mathrm{i}\dfrac{\partial f}{\partial \bar{z}} \end{cases} \tag{3-37}$$

对 $f(z,\bar{z})$ 求两次偏导数,有

$$\begin{cases} \dfrac{\partial^2 f}{\partial x^2} = \dfrac{\partial^2 f}{\partial z^2} + 2\dfrac{\partial^2 f}{\partial z\partial \bar{z}} + \dfrac{\partial^2 f}{\partial \bar{z}^2} \\[3mm] \dfrac{\partial^2 f}{\partial y^2} = -\dfrac{\partial^2 f}{\partial z^2} + 2\dfrac{\partial^2 f}{\partial z\partial \bar{z}} - \dfrac{\partial^2 f}{\partial \bar{z}^2} \end{cases} \tag{3-38}$$

两式相加,得

$$\nabla^2 f = \frac{\partial^2 f}{\partial x^2} + \frac{\partial^2 f}{\partial y^2} = 4\frac{\partial^2 f}{\partial z\partial \bar{z}} \tag{3-39}$$

用复变函数表示调和方程 $\nabla^2 f = 0$,则有

$$\frac{\partial^2 f}{\partial z\partial \bar{z}} = 0 \tag{3-40}$$

微分方程式(3-40)的通解是

$$f = F_1(z) + F_2(\bar{z}) \tag{3-41}$$

其中:f 是调和函数;$F_1(z)$ 和 $F_2(\bar{z})$ 分别是复变数 z 和 $\bar{z}$ 的任意解析函数。当 f 是实变数时,$F_1(z)$ 和 $F_2(\bar{z})$ 一定是共轭复变函数,即 $F_2(\bar{z}) = \overline{F_1(z)}$,将 $F_1(z)$ 中的 i 换为 $-\mathrm{i}$,即得 $\overline{F_1(z)}$。此时,式(3-41)可写为

$$f = F_1(z) + \overline{F_1(z)} \tag{3-42}$$

同样用复变函数表示双调和方程 $\nabla^2 \nabla^2 f = 0$,有

$$\frac{\partial^4 f}{\partial z^2 \partial \bar{z}^2} = 0 \tag{3-43}$$

微分方程式(3-43)的通解是

$$f = F_1(z) + F_2(\bar{z}) + zF_3(\bar{z}) + \bar{z}F_4(z) \tag{3-44}$$

这里 f 是双调和函数。其在实变数的情况下,必须有下列关系:

$$F_2(\bar{z}) = \overline{F_1(z)}, \quad F_3(\bar{z}) = \overline{F_4(z)} \tag{3-45}$$

在此情况下,式(3-44)可写成

$$f = F_1(z) + \overline{F_1(z)} + z\overline{F_4(z)} + \bar{z}F_4(z) \tag{3-46}$$

式(3-46)即为用复变解析函数表达的双调和函数的一般形式。

在线性弹性力学的平面问题中,可引入一个应力函数 φ,只要它是双调和函

数,既满足所研究问题的全部边界条件,同时又能满足双调和方程 $\nabla^2\nabla^2 f = 0$,则此应力函数就是该问题的解。为此,设有两个复变解析函数 $x(z)$、$\psi(z)$,且可表示成

$$x(z) = p + \mathrm{i}q, \quad \psi(z) = p_1 + \mathrm{i}q_1 \tag{3-47}$$

根据式(3-46),可以将应力函数 φ 写成

$$2\varphi = \psi(z) + \overline{\psi(z)} + z\,\overline{x(z)} + \bar{z}x(z) \tag{3-48}$$

将式(3-44)和式(3-46)代入式(3-48)运算,则式(3-48)可写为

$$\varphi = \mathrm{Re}[\psi(z) + \bar{z}x(z)] \tag{3-49}$$

3.2.2　Ⅰ、Ⅱ型复合裂纹问题应力强度因子的表达式

Ⅰ、Ⅱ型复合裂纹问题中 K 的表达式,可以通过对应力不变量 $(\sigma_x + \sigma_y)$ 的讨论来获得。由材料力学可知,对于一点应力状态下的单元体,在互相垂直的两个截面上正应力之和为一常数。在弹性力学平面问题中可以导出直角坐标系内两种应力不变量,其中 $(\sigma_x + \sigma_y)$ 称为第一应力不变量。现在将复变应力函数代入计算,确定应力不变量的表达式。

由式(3-48),有

$$\begin{cases} 2\dfrac{\partial\varphi}{\partial x} = 2\left(\dfrac{\partial\varphi}{\partial z} + \dfrac{\partial\psi}{\partial \bar{z}}\right) = \psi'(z) + \overline{\psi'(z)} + x(z) + \bar{z}x'(z) + \overline{x(z)} + z\,\overline{x(z)} \\ 2\dfrac{\partial\varphi}{\partial y} = 2\mathrm{i}\left(\dfrac{\partial\varphi}{\partial z} - \dfrac{\partial\varphi}{\partial \bar{z}}\right) = \mathrm{i}[\dot{\psi}(z) - \overline{\psi(z)} - x(z) + \bar{z}x'(z) + \overline{x(z)} - z\,\overline{x'(z)}] \end{cases} \tag{3-50}$$

由式(3-50),可进一步得

$$\begin{cases} 2\dfrac{\partial^2\varphi}{\partial x^2} = 2\left[\dfrac{\partial}{\partial z}\left(\dfrac{\partial\varphi}{\partial x}\right) + \dfrac{\partial}{\partial \bar{z}}\left(\dfrac{\partial\varphi}{\partial x}\right)\right] \\ \quad = \psi''(z) + \overline{\psi''(z)} + 2x'(z) + 2\,\overline{x'(z)} + z\,\overline{x''(z)} + \bar{z}x''(z) \\ 2\dfrac{\partial^2\varphi}{\partial y^2} = 2\mathrm{i}\left[\dfrac{\partial}{\partial z}\left(\dfrac{\partial\varphi}{\partial y}\right) - \dfrac{\partial}{\partial \bar{z}}\left(\dfrac{\partial\varphi}{\partial y}\right)\right] \\ \quad = -\psi''(z) - \overline{\psi''(z)} + 2x'(z) + 2\,\overline{x'(z)} - z\,\overline{x''(z)} - \bar{z}x''(z) \end{cases} \tag{3-51}$$

将式(3-51)上下两式相加,得

$$\begin{cases} 2\left(\dfrac{\partial^2\varphi}{\partial x^2} + \dfrac{\partial^2\varphi}{\partial y^2}\right) = 4[x'(z) + \overline{x'(z)}] = 8\mathrm{Re}[x'(z)] \\ (\sigma_x + \sigma_y) = \left(\dfrac{\partial^2\varphi}{\partial x^2} + \dfrac{\partial^2\varphi}{\partial y^2}\right) = 4\mathrm{Re}[x'(z)] \end{cases} \tag{3-52}$$

式(3-52)表明,第一应力不变量 $(\sigma_x + \sigma_y)$ 可以用复变解析函数 $x'(z)$ 的实部来表达。

对于Ⅰ、Ⅱ型复合裂纹问题,在裂纹前端附近区域应力场的第一应力不变量 $(\sigma_x + \sigma_y)$ 表达式可用如下方法求得,有

$$\begin{cases} \sigma_x = \mathrm{Re}f_{\mathrm{I}} - y\mathrm{Im}f'_{\mathrm{I}} \\ \sigma_y = \mathrm{Re}f_{\mathrm{I}} + y\mathrm{Im}f_{\mathrm{I}} \end{cases} \tag{3-53}$$

两式相加,可得 I 型裂纹问题在裂纹前端处的第一应力不变量为

$$(\sigma_x + \sigma_y)_{\mathrm{I}}\big|_{|\zeta|\to 0} = 2\mathrm{Re}f_{\mathrm{I}}\big|_{|\zeta|\to 0} = 2\mathrm{Re}\frac{K_{\mathrm{I}}}{\sqrt{2\pi\zeta}}\bigg|_{|\zeta|\to 0} \tag{3-54}$$

同样,对于 II 型裂纹问题,有

$$\begin{cases} \sigma_x = 2\mathrm{Im}f_{\mathrm{II}} + y\mathrm{Re}f'_{\mathrm{II}} \\ \sigma_y = -y\mathrm{Re}f_{\mathrm{II}}' \end{cases} \tag{3-55}$$

两式相加,可得 II 型裂纹问题在裂纹前端处的第一应力不变量为

$$(\sigma_x + \sigma_y)_{\mathrm{II}}\big|_{|\zeta|\to 0} = 2\mathrm{Im}f_{\mathrm{II}}\big|_{|\zeta|\to 0} = 2\mathrm{Im}\frac{K_{\mathrm{II}}}{\sqrt{2\pi\zeta}}\bigg|_{|\zeta|\to 0} \tag{3-56}$$

将式(3-54)和式(3-56)相加,即得 I、II 型复合裂纹问题在裂纹前端处的应力不变量:

$$(\sigma_x + \sigma_y)_{\mathrm{I+II}}\big|_{|\zeta|\to 0} = (\sigma_x + \sigma_y)_{\mathrm{I}}\big|_{|\zeta|\to 0} + (\sigma_x + \sigma_y)_{\mathrm{II}}\big|_{|\zeta|\to 0}$$

$$= 2\mathrm{Re}\frac{K_{\mathrm{I}}}{\sqrt{2\pi\zeta}}\bigg|_{|\zeta|\to 0} + 2\mathrm{Im}\frac{K_{\mathrm{II}}}{\sqrt{2\pi\zeta}}\bigg|_{|\zeta|\to 0} \tag{3-57}$$

$$= 2\mathrm{Re}\bigg[\frac{1}{\sqrt{2\pi\zeta}}(K_{\mathrm{I}} - iK_{\mathrm{II}})\bigg]\bigg|_{|\zeta|\to 0}$$

在式(3-57)中从第二步到第三步等式,读者可自行验证。若取复数形式的应力强度因子:

$$K = K_{\mathrm{I}} - iK_{\mathrm{II}} \tag{3-58}$$

则有

$$(\sigma_x + \sigma_y)_{\mathrm{I+II}}\big|_{|\zeta|\to 0} = 2\mathrm{Re}\bigg[\frac{K}{\sqrt{2\pi\zeta}}\bigg]\bigg|_{|\zeta|\to 0} \tag{3-59}$$

由式(3-52)和式(3-54)两式可得

$$K = 2\lim_{|\zeta|\to 0}\sqrt{2\pi\zeta}x'(z) \tag{3-60}$$

若裂纹右前端的 z 坐标为 z_1,则以右前端为坐标原点的复变量 ζ 与 z 之间具有:

$$\zeta = z - z_1 \tag{3-61}$$

的关系,代入式(3-60)便有

$$K = 2\sqrt{2\pi}\lim_{z\to z_1}\sqrt{z - z_1}x'(z) \tag{3-62}$$

式(3-62)就是用普遍形式复变函数计算 I、II 型复合裂纹问题在裂纹前端处应力强度因子的表达式。用这个公式可以求解线弹性断裂力学中各种受力形式下 I、II 型复合裂纹问题的 K 值。而且还可以利用复变函数中的共形映射原理,将 z 平面上的一条裂纹变为 η 平面内的一个圆,然后,在 η 平面内求解。这样就可以使解题过程简化。

如图 3-9(a)中 z 平面里的裂纹,可以用映射函数

$$z = \omega(\eta) = \frac{a}{2}\left(\eta + \frac{1}{\eta}\right) \tag{3-63}$$

转换为图 3-9(b)中 η 平面里的一个单位圆。关于共形映射的问题这里不做深入的讨论。

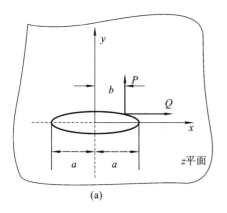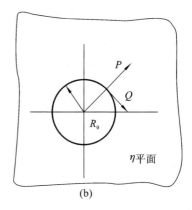

(a)   (b)

图 3-9　裂纹转换为 η 平面圆

引用映射函数式(3-63)，Ⅰ、Ⅱ型复合裂纹问题应力强度因子 K 的表达式(式(3-62))可转换为 η 平面内的形式，即

$$K = 2\sqrt{2\pi}\lim_{\eta \to \eta_1}\left[\omega(\eta) - \omega(\eta_1)\right]^{\frac{1}{2}}\frac{x'(\eta)}{\omega'(\eta)} \tag{3-64}$$

式中： $\dfrac{x'(\eta)}{\omega'(\eta)}$ 是 $x(z)$ 在引用了映射函数 $z = \omega(\eta)$ 后得到的，即

$$x'(z) = \frac{\mathrm{d}x(z)}{\mathrm{d}z} = \frac{\mathrm{d}x(\eta)}{\mathrm{d}\eta}\frac{\mathrm{d}\eta}{\mathrm{d}z} = \frac{\mathrm{d}x(\eta)}{\mathrm{d}\eta}\frac{\mathrm{d}\eta}{\mathrm{d}\omega(\eta)} = \frac{x'(\eta)}{\omega'(\eta)} \tag{3-65}$$

由于 η_1 与 $z_1 = a$ 相对应，而当 $z_1 = a$ 时，$\eta_1 = 1$，因此将 $z = \dfrac{a}{2}\left(\eta + \dfrac{1}{\eta}\right)$，$\eta_1 = 1$ 代入式(3-64)，即有

$$K = 2\sqrt{2\pi}\lim_{\eta \to 1}\left[\frac{a}{2}\left(\eta + \frac{1}{\eta}\right) - \frac{a}{2}\left(1 + \frac{1}{1}\right)\right]^{\frac{1}{2}}\frac{x'(\eta)}{\frac{a}{2}\left(1 - \frac{1}{\eta^2}\right)}$$

$$= 2\sqrt{2\pi}\lim_{\eta \to 1}\left[\frac{a}{2}\left(\eta + \frac{1}{\eta} - 2\right)\right]^{\frac{1}{2}}\frac{x'(\eta)}{\frac{a}{2}\left(1 - \frac{1}{\eta}\right)\left(1 + \frac{1}{\eta}\right)}$$

$$= 2\sqrt{2\pi}\sqrt{\frac{2}{a}}\lim_{\eta \to 1}\sqrt{\eta}\left(1 - \frac{1}{\eta}\right)\frac{x'(\eta)}{\left(1 - \frac{1}{\eta}\right)\left(1 + \frac{1}{\eta}\right)}$$

$$= 2\sqrt{\frac{\pi}{a}}x'(1) \tag{3-66}$$

式(3-66)是在 η 平面内计算原裂纹右前端应力强度因子 K 的公式。其中复变解析函数 $x'(\eta)$ 需根据具体问题选择，使它能满足所研究裂纹问题的全部边界条件。

3.3　有限宽板穿透裂纹应力强度因子

假定平板的长、宽尺寸远远大于裂纹的尺寸，即可将平板看成无限大的。这样，在计算中可避免对周围实际边界条件的处理，可得到理论上的完全解。但实际构件(特别是测定断裂韧度的试件)中，裂纹尺寸与板的宽度相比并非很小，构件不能再认为是无限大板了，只能看作有限宽板。此时，必须考虑板的自由边界对裂纹尖端应力场的影响，但这样的问题往往得不到理论上的完全解，只能通过一些近似的简化或数值计算方法，得到近似的数值解。应用边界配置法、有限单元法和光弹性法都可得到 K 表达式近似的数值解。

无限宽板求解的本质是找出既满足双调和方程又满足边界条件的应力函数或复变解析应力函数，而边界配置法(也称为边界配位法)则通过用无穷级数来表达这个应力函数，并使其同样地满足双调和方程和边界条件的要求，但不是满足所有边界条件，而是在有限宽板的边界上，选足够多的点，以确定应力函数，再由符合边界条件的应力函数求 K 值。边界配置法主要用于计算平面问题的单边裂纹问题，同时也只限于讨论直边界问题。现结合三点弯曲试件应力强度因子 K_{I} 的计算，说明边界配置法的原理和应用。

3.3.1　威廉氏(Williams)的应力函数和应力公式

由前述可知，对平面问题的解法都是找一个既满足双调和方程 $\nabla^2\nabla^2 f = 0$，又满足边界条件的应力函数。

威廉氏根据上述情况提出了一个无穷级数形式表达的应力函数：

$$\phi(r,\theta) = \sum_{j=1}^{\infty} C_j \cdot r^{\frac{j}{2}+1}\left[-\cos\left(\frac{j}{2}-1\right)\theta + \frac{\frac{j}{2}+(-1)^j}{\frac{j}{2}+1}\cos\left(\frac{j}{2}+1\right)\theta\right] \quad (3-67)$$

可以验证，它不仅满足双调和方程：

$$\nabla^2\nabla^2\phi(r,\theta) = 0 \quad (3-68)$$

而且也满足在裂纹上下表面处 $(\theta=\pm\pi)\sigma_y$ 和 $\tau_{\pm y}$ 均等于零的边界条件。如果选择有限宽板边界上足够多的点处的边界条件来确定无穷级数中常数项 C_j，就可使得此应力函数 $\phi(r,\theta)$ 基本上能满足该边界上的其他边界条件。这样的应力函数就是所研究问题的近似解。因此，由该应力函数确定的裂纹尖端 K 也就是所研究问题 K 的近似表达式。

图 3-10 是三点弯曲试件的外形、裂纹位置及坐标系统。图中 AO 为裂纹，O

点为裂纹尖端,取为坐标原点。P 为施加于试件中点的外力,B 为试件厚度,W 为宽度。引进无量纲量:

$$D_j = C_j B W^{\frac{j}{2}}/P \tag{3-69}$$

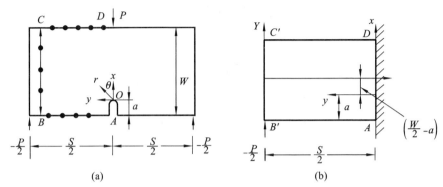

图 3-10　边界配置示意图

则式(3-67)变为

$$\phi(r,\theta) = \frac{PW}{B}\sum_{j=1}^{\infty} D_j \cdot \left(\frac{r}{W}\right)^{\frac{j}{2}+1}\left[-\cos\left(\frac{j}{2}-1\right)\theta + \frac{\frac{j}{2}+(-1)^j}{\frac{j}{2}+1}\cos\left(\frac{j}{2}+1\right)\theta\right] \tag{3-70}$$

式(3-70)在 $j=1,2,\cdots,\infty$ 内均为无量纲量。由 $\phi(r,\theta)$ 可得出各应力分量的计算公式。

由图 3-10 可知:

$$r = \sqrt{x^2+y^2}, \ \theta = \arctan\frac{y}{x}$$

$$\begin{cases} \dfrac{\partial r}{\partial x} = \dfrac{1}{2}\dfrac{2x}{\sqrt{x^2+y^2}} = \dfrac{x}{r} = \cos\theta \\[3mm] \dfrac{\partial r}{\partial y} = \dfrac{1}{2}\dfrac{2y}{\sqrt{x^2+y^2}} = \dfrac{y}{r} = \sin\theta \\[3mm] \dfrac{\partial \theta}{\partial x} = -\dfrac{y}{r^2} = -\dfrac{\sin\theta}{r} \\[3mm] \dfrac{\partial \theta}{\partial y} = \dfrac{x}{r^2} = \dfrac{\cos\theta}{r} \end{cases} \tag{3-71}$$

$$\begin{cases} \dfrac{\partial \phi}{\partial x} = \dfrac{\partial \phi}{\partial r}\cdot\dfrac{\partial r}{\partial x} + \dfrac{\partial \phi}{\partial \theta}\cdot\dfrac{\partial \theta}{\partial x} = \dfrac{\partial \phi}{\partial r}\cos\theta - \dfrac{1}{r}\dfrac{\partial \phi}{\partial \theta}\sin\theta \\[3mm] \dfrac{\partial \phi}{\partial y} = \dfrac{\partial \phi}{\partial r}\dfrac{\partial r}{\partial y} + \dfrac{\partial \phi}{\partial \theta}\dfrac{\partial \theta}{\partial y} = \dfrac{\partial \phi}{\partial r}\sin\theta + \dfrac{1}{r}\dfrac{\partial \phi}{\partial \theta}\cos\theta \end{cases} \tag{3-72}$$

对式(3-70)进行微分,得

$$\frac{\partial \phi}{\partial r} = \frac{P}{B} \sum_{j=1}^{\infty} D_j \left(\frac{r}{W}\right)^{\frac{j}{2}} \left(\frac{j}{2}+1\right) \left[-\cos\left(\frac{j}{2}-1\right)\theta + \frac{\frac{j}{2}+(-1)^j}{\frac{j}{2}+1} \cos\left(\frac{j}{2}+1\right)\theta \right]$$

$$\frac{1}{r}\frac{\partial \phi}{\partial r} = \frac{P}{B} \sum_{j=1}^{\infty} D_j \left(\frac{r}{W}\right)^{\frac{j}{2}} \left\{ \left(\frac{j}{2}-1\right)\sin\left(\frac{j}{2}-1\right)\theta \right\} - \left[\frac{j}{2}+(-1)^j\right]\sin\left(\frac{j}{2}+1\right)\theta$$

$$(3-73)$$

将式(3-73)分别代入式(3-72)并化简整理可得

$$\sigma_y = \frac{\partial^2 \phi}{\partial x^2}$$

$$= \frac{P}{BW} \sum_{j=1}^{\infty} D_j \left(\frac{r}{W}\right)^{\frac{j}{2}-1} \cdot \frac{j}{2} \underbrace{\left\{ \left[\frac{j}{2}-2+(-1)^j\right]\cos\left[\left(\frac{j}{2}-1\right)\theta\right] - \left(\frac{j}{2}-1\right)\cos\left[\left(\frac{j}{2}-3\right)\theta\right] \right\}}_{A_j}$$

$$(3-74)$$

$$\sigma_x = \frac{\partial^2 \phi}{\partial y^2}$$

$$= \frac{P}{BW} \sum_{j=1}^{\infty} D_j \left(\frac{r}{W}\right)^{\frac{j}{2}-1} \cdot \frac{j}{2} \underbrace{\left\{ -\left[\frac{j}{2}+2+(-1)^j\right]\cos\left[\left(\frac{j}{2}-1\right)\theta\right] + \left(\frac{j}{2}-1\right)\cos\left[\left(\frac{j}{2}-3\right)\theta\right] \right\}}_{B_j}$$

$$(3-75)$$

$$\tau_{xy} = \frac{\partial^2 \phi}{\partial x \partial y}$$

$$= \frac{P}{BW} \sum_{j=1}^{\infty} D_j \left(\frac{r}{W}\right)^{\frac{j}{2}-1} \cdot \frac{j}{2} \underbrace{\left\{ \left[\frac{j}{2}+(-1)^j\right]\sin\left[\left(\frac{j}{2}-1\right)\theta\right] + \left(\frac{j}{2}-1\right)\sin\left[\left(\frac{j}{2}-3\right)\theta\right] \right\}}_{C_j}$$

$$(3-76)$$

分别令式(3-74)至(3-76)中大括号部分为 A_j、B_j、C_j，则

$$\begin{cases} \sigma_y = \dfrac{P}{BW} \sum_{j=1}^{\infty} D_j A_j \\[2mm] \sigma_x = \dfrac{P}{BW} \sum_{j=1}^{\infty} D_j B_j \\[2mm] \tau_{xy} = \dfrac{P}{BW} \sum_{j=1}^{\infty} D_j C_j \end{cases} \tag{3-77}$$

3.3.2　K 的计算式

由双轴拉伸 I 型裂纹尖端的应力场

$$\begin{cases} \sigma_x = \dfrac{K_{\text{I}}}{\sqrt{2\pi r}} \cos\dfrac{\theta}{2} \left[1 - \sin\dfrac{\theta}{2}\sin\dfrac{3\theta}{2}\right] \\[3mm] \sigma_y = \dfrac{K_{\text{I}}}{\sqrt{2\pi r}} \cos\dfrac{\theta}{2} \left[1 + \sin\dfrac{\theta}{2}\sin\dfrac{3\theta}{2}\right] \\[3mm] \tau_{xy} = \dfrac{K_{\text{I}}}{\sqrt{2\pi r}} \cos\dfrac{\theta}{2} \sin\dfrac{\theta}{2}\cos\dfrac{3\theta}{2} \end{cases} \tag{3-78}$$

可知,当 $\theta = 0$ 时,即在 x 轴上,有

$$\sigma_y = \sigma_x = \frac{K_I}{\sqrt{2\pi r}} \qquad (r \to 0) \qquad (3\text{-}79)$$

由于 $\theta = 0$ 时,有 $\cos n\theta = 1$,因此如果把式(3-74)的 σ_y 代入 K_I 的表达式,可看出除 $j = 1$ 这一项外,其余 $j = 2, 3, 4, \cdots, \infty$ 各项在乘 $\sqrt{2\pi r}$ 后仍和 r 有关,但在 $(r \to 0)$ 时都为 0,所以只取主项,即

$$K_I = \lim_{r \to 0} \sqrt{2\pi r} \frac{P}{B\sqrt{W}} D_1 \left(\frac{r}{W}\right)^{-\frac{1}{2}} \times \frac{1}{2} \times \left[\left(\frac{1}{2} - 2 - 1\right) \times 1 - \left(\frac{1}{2} - 1\right) \times 1\right]$$

$$= \frac{P}{B\sqrt{W}} D_1 \sqrt{2\pi} \cdot \frac{1}{2} \cdot (-2)$$

$$= -\sqrt{2\pi} \frac{P}{B\sqrt{W}} D_1$$

$$(3\text{-}80)$$

两端各乘以 $BW^{\frac{3}{2}} / \dfrac{PS}{4}$,则可得

$$K_I BW^{\frac{3}{2}} / \frac{PS}{4} = -\sqrt{2\pi}\left(\frac{4W}{S}\right) D_1 \qquad (3\text{-}81)$$

可以看出,只要用边界条件定出 D_1,即可得出 K_I。在这里,所谓边界条件是指边界上各点的应力。

3.3.3　借用无裂纹边界条件(边界应力)求系数 D_j

比较图 3-10(a)(b)的受力状态可知,图 3-10(a)含裂纹三点弯曲试样左半段的受力状态和图 3-10(b)不含裂纹的悬臂梁的受力状态一样。在远离裂纹尖端边界 $ABCD$(为避免支座处的力集中,故选 B、C 为端部边界)上各点的应力,应当和无裂纹的悬臂梁试样 $ABCD$ 边界上各点的应力一样,所以可用无裂纹试样的边界条件(即边界应力,对无裂纹体这是容易求出来的)来求 D_j。

对带裂纹的图 3-10(a)左半段,在边界上 $AB'C'D$ 选 m 个点(如 $m = 20$,则可在 AB' 上选 8 个等间隔的点,$C'D$ 上同样等间隔选 9 个点,$B'C'$ 上等间隔选 3 个点),每一点的坐标 (x, y) 或 (r, θ) 是已知的。代入式(3-77)(用 $2m = 40$ 项的有限级数代替无限级数,近似程度足够),如对第一点 $\left(r_1 = \sqrt{x_1{}^2 + y_1{}^2}, \theta_1 = \arctan \dfrac{x_1}{y_1}\right)$,就有:

$$\sigma_y = \frac{P}{BW} \sum_{j=1}^{2m} D_j A_1, \quad \tau_{xy} = \frac{P}{BW} \sum_{j=1}^{2m} D_j C_1$$

其中,A_1、C_1 是只和 a、W、S 有关的常数。

图 3-10(b)所示的无裂纹悬臂梁自由端受 P^*(P 指向 Y 方向,$P^* = -\dfrac{P}{2}$)作

用,在 XY 坐标系中:

$$\begin{cases} \sigma_X = \dfrac{P^* XY}{I} \\ \tau_{XY} = \dfrac{P^*}{2I}\left(\dfrac{W^2}{4} - Y^2\right) \end{cases} \tag{3-82}$$

其中,惯性矩 $I = \dfrac{BW^3}{12}$。把坐标移动到裂纹尖端 (x,y) 坐标中,则有

$$\begin{cases} X = -y + \dfrac{S}{2} \\ Y = x - \left(\dfrac{W}{2} - a\right) \end{cases}$$

将 $\sigma_X = \sigma_y$,$\tau_{XY} = \tau_{xy}$ 均代入式(3-82),且注意 $P^* = -\dfrac{P}{2}$,则有

$$\begin{cases} \sigma_y = \dfrac{6P}{BW^3}\left(x - \dfrac{W}{2} + a\right)\left(y - \dfrac{s}{2}\right) \\ \tau_{xy} = \dfrac{3P}{BW^3}\left[\left(x - \dfrac{W}{2} + a\right)^2 - \dfrac{W^2}{4}\right] \end{cases} \tag{3-83}$$

把第一点坐标 (x_1, y_1) 代入式(3-83),则可得

$$\begin{cases} [\sigma_y] = \dfrac{6P}{BW^3}\left(x_1 - \dfrac{W}{2} + a\right)\left(y_1 - \dfrac{s}{2}\right) \\ [\tau_{xy}] = \dfrac{3P}{BW^3}\left[\left(x_1 - \dfrac{W}{2} + a\right)^2 - \dfrac{W^2}{4}\right] \end{cases} \tag{3-84}$$

显然,$[\sigma_y]$ 和 $[\tau_{xy}]$ 利用弹性力学知识就可以算出来。

根据上述含裂纹试样边界上的应力和几何、受力条件和与之类似的无裂纹试样边界上的应相等,可知式(3-77)和式(3-84)中的应力应分别相等,即

$$\begin{cases} \sigma_{y_1} = \dfrac{P}{BW}\sum_{j=1}^{2m} D_j A_1 = [\sigma_y]_1 \\ \tau_{xy_1} = \dfrac{P}{BW}\sum_{j=1}^{2m} D_j C_1 = [\tau_{xy}]_1 \end{cases} \tag{3-85}$$

这样,由边界上每一点都可获得两个代数方程;m 个点就可得 $2m$ 个方程。由于式(3-85)右端都是已知的($[\sigma_y]$、$[\tau_{xy}]$ 均可由材料力学算出),左端中的 A_1、C_1 也是已知的,因此方程中只有 D_j 是未知数。只要用计算机解这 $2m$ 个方程就可解出 $2m$ 个 $D_1, D_2, \cdots, D_m$,把 D_j 代入式(3-81)就可得 $K_{\mathrm{I}} BW^{\frac{3}{2}} / \dfrac{PS}{4}$ 值。

3.3.4　三点弯曲和紧凑拉伸试样 K_{I} 的表达式

式(3-85)中由于 A_1、C_1 和 $[\sigma_y]$、$[\tau_{xy}]$ 只和 a、W、S 有关,故解出的 D_j 也只和 a、W、S 有关,当 a、W、S 取一定值时,K_{I} 就有确定的值。

对于标准的三点弯曲试样,因 $\dfrac{S}{W}=4$,故 D_1 仅和 $\dfrac{a}{W}$ 有关,由式(3-81)知

$$K_{\mathrm{I}} BW^{\frac{3}{2}} / \dfrac{PS}{4} = F\left(\dfrac{a}{W}\right) \tag{3-86}$$

如令

$$F\left(\dfrac{a}{W}\right) = \sqrt{\dfrac{a}{W}}\left[b_0 + b_1\left(\dfrac{a}{W}\right) + b_2\left(\dfrac{a}{W}\right)^2 + b_3\left(\dfrac{a}{W}\right)^3 + \cdots\right] \tag{3-87}$$

这样,选一组 $\dfrac{a}{W}$ 值(如: $\dfrac{a}{W}=0.30,0.35,0.40,\cdots,$),就可获得一组 D_1 值,即可得一组 $F\left(\dfrac{a}{W}\right)$ 值。

利用最小二乘法可得多项式函数的系数 $b_0,b_1,\cdots$ 。如美国的 SEM-E399 规定的 $F\left(\dfrac{a}{W}\right)$ 为:

对于三点弯曲,

$$\begin{cases} K_{\mathrm{I}} = \dfrac{P}{B\sqrt{W}} F\left(\dfrac{a}{W}\right) \cdots \\[2mm] F\left(\dfrac{a}{W}\right) = 11.6\left(\dfrac{a}{W}\right)^{\frac{1}{2}} - 18.4\left(\dfrac{a}{W}\right)^{\frac{3}{2}} + 87.2\left(\dfrac{a}{W}\right)^{\frac{5}{2}} - 150.4\left(\dfrac{a}{W}\right)^{\frac{7}{2}} + 154.8\left(\dfrac{a}{W}\right)^{\frac{9}{2}} \end{cases}$$
$$\tag{3-88}$$

其中, $\dfrac{PS}{4}=PW$ ($S=4W$)。

对于紧凑拉伸,

$$\begin{cases} K_{\mathrm{I}} = \dfrac{P}{B\sqrt{W}} \cdot y\left(\dfrac{a}{W}\right) \cdots \\[2mm] y\left(\dfrac{a}{W}\right) = 29.6\left(\dfrac{a}{W}\right)^{\frac{1}{2}} - 185.5\left(\dfrac{a}{W}\right)^{\frac{3}{2}} + 665.7\left(\dfrac{a}{W}\right)^{\frac{5}{2}} - 1017.0\left(\dfrac{a}{W}\right)^{\frac{7}{2}} + 638.9\left(\dfrac{a}{W}\right)^{\frac{9}{2}} \end{cases}$$
$$\tag{3-89}$$

为了求解上述方程,可利用各种不同的边界条件,一般的有:

① σ_y, τ_{xy} 或 σ_X, τ_{XY} ;

② $\phi, \dfrac{\partial\phi}{\partial n}$;

③ $\dfrac{\partial\phi}{\partial n}, \dfrac{\partial\phi}{\partial t}$;

我们用的是第①种,如用第②③种,则要找出无裂纹试样边界上的应力函数 ϕ 及其对边界法线 n 和切线 t 的导数。

3.4　实际裂纹的近似处理及叠加原理应用

在用断裂力学对具体工程构件进行安全性评价时,首先必须用无损探伤法确

定缺陷的大小、部位和形状。但探出的缺陷一般不一定是裂纹,为了偏于安全,把一切缺陷(包括夹杂、空洞、气孔、夹杂性裂纹等)都看作裂纹;又由于缺陷可能不是一个单独的,而是一个空间群(如密集夹杂),因此必须考虑多个缺陷间的相互作用;另外,无损探伤不能定出缺陷的具体形状,要给出偏安全的估计,而且还有一些其他实际问题需要分别进行研究。

3.4.1 缺陷群的相互作用

1. 垂直外应力的并列裂纹(裂纹面相互平行)

如图 3-11 所示,无限体内有两个和外应力方向垂直的平行圆裂纹,半径为 a,距离为 $2b$。当 $\dfrac{a}{b}$ 较小时,裂纹前端 K_{I} 有精确解,即

$$K_{\mathrm{I}} = M \cdot \frac{\sigma \sqrt{\pi a}}{\pi/2} \tag{3-90}$$

式中:
$$M = \left[1 - \frac{2}{3\pi} \left(\frac{a}{b} \right)^3 \right] < 1$$

如果是单个圆裂纹,则

$$K_{\mathrm{I}} = \frac{\sigma \sqrt{\pi a}}{\pi/2} \tag{3-91}$$

由于 $M < 1$,因此两个并列裂纹的 K_{I} 比单个裂纹的小。如并列裂纹数目多于两个,则 K_{I} 比式(3-90)还要小。总之,并列裂纹的相互作用使 K_{I} 下降。

对于无限体中一列平行的贯穿裂纹或一列单边裂纹,精确解都表明并列裂纹的相互作用使 K_{I} 下降。

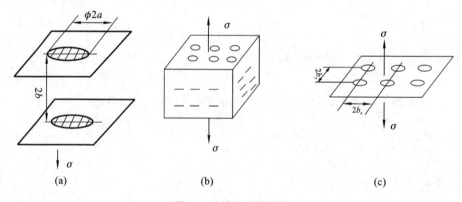

(a)　　　　　　　　(b)　　　　　　　　(c)

图 3-11　缺陷群的简化

据此,为偏安全:

(1) 可把并列裂纹作为单个裂纹来处理;

(2) 对于密集的缺陷群,往往假定它们在空间规划地分布,且可把空间裂纹

(图 3-11(b))简化为一组平面裂纹(图 3-11(c))。

2. 和外应力垂直的面内共线裂纹

由前面 3.1 节可知,沿板宽方向周期性地分布一列贯穿裂纹(图 3-12(a))时,其 K_I 为

$$K_I = \sigma \sqrt{\pi a} \cdot \sqrt{\frac{2b}{\pi a}\tan\frac{\pi a}{2b}} = \sigma \sqrt{\pi a} \cdot M \tag{3-92}$$

无限体内垂直于外应力平面上的共面的两个圆裂纹(图 3-12(b))的相邻点 A 的 K_I^A 为

$$K_I^A = M\frac{\sigma\sqrt{\pi a}}{\pi/2} \tag{3-93}$$

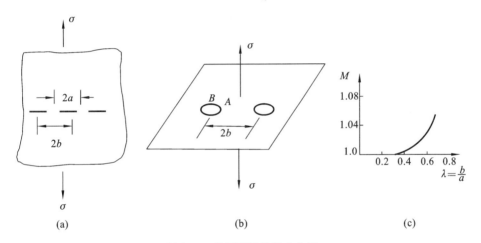

图 3-12　共面裂纹的相交作用

式中: M 是大于 1 的数,见图 3-12(c)。

点 B 处的 K_I^B 为

$$K_I^B = \frac{\sigma\sqrt{\pi a}}{\pi/2} \tag{3-94}$$

和单个圆裂纹一样,即点 B 的 K_I 不受另一裂纹的影响。如果裂纹中心间距是缺陷尺寸的 5 倍以上,即 $\frac{a}{b} \leqslant 0.2$,则这时由图 3-12(c)可知 $M = 1$,这表明如果共面裂纹间距是裂纹尺寸的 5 倍以上则可不考虑其他裂纹的相互作用,而将其作为单个裂纹来处理,其误差不超过 $1\% \sim 2\%$ 。

如果共面裂纹靠得较近 $\left(\text{如 } \frac{a}{b} \geqslant 0.3\right)$ 则要进行修正。如果裂纹靠得很近,则为简单起见,可把两个裂纹作为一个大裂纹考虑,这样更安全。

对于图 3-12 面内裂纹组,由于 K_I^A 主要受 x 方向裂纹影响, K_I^B 主要受 y 方向

裂纹影响,故:

$$K_{\mathrm{I}}^{A} = M_x \frac{\sigma \sqrt{\pi a}}{\pi/2}$$

$$K_{\mathrm{I}}^{B} = M_y \frac{\sigma \sqrt{\pi a}}{\pi/2}$$

其中,M_x 和 $\dfrac{a}{b_x}$ 有关,M_y 和 $\dfrac{a}{b_y}$ 有关。如 $\dfrac{a}{b_x}$、$\dfrac{a}{b_y}$ 均小于 0.2 即每个方向上的裂纹间距均是裂纹尺寸的 5 倍以上,则 M_x、M_y 均可视为 1,即共面裂纹可作为单个裂纹来处理。

3.4.2　实际裂纹的安全处理

用超声探伤方法只能确定缺陷的当量尺寸及其部位,至于缺陷的具体形状及其实际尺寸就难以确定了,需要具体分析。

(1) 当探伤给出的是固定面积时,可以证明轴比为 $\dfrac{a}{c} = \dfrac{1}{2}$ 的椭圆裂纹的 K_{I} 最大。

已知无限体内单个椭圆裂纹短轴端 K_{I} 最大,其值为

$$K_{\mathrm{I}} = \frac{\sigma \sqrt{\pi a}}{E_K} \tag{3-95}$$

式中:E_K 为椭圆积分,和轴比 $\dfrac{a}{c}$ 有关。当 $\dfrac{a}{c} = 1$ 即裂纹为圆裂纹时,

$$E_K = \frac{\pi}{2} \tag{3-96}$$

设裂纹面积为 πA^2,如果裂纹是圆裂纹,半径为 a,则 $\pi a^2 = \pi A^2$,即 $a = A$,再考虑到 $E_K = \dfrac{\pi}{2}$,裂纹前端 K_{I}^0 为

$$K_{\mathrm{I}}^0 = \frac{\sigma \sqrt{\pi a}}{\pi/2} = \frac{\sigma \sqrt{\pi A}}{\pi/2}$$

如果是椭圆裂纹,令 $k = \dfrac{a}{c}$,则,

$$\pi A^2 = \pi a \cdot c = \pi \frac{a^2}{k}, \ a = A \sqrt{k}$$

故

$$K_{\mathrm{I}} = \frac{\sigma \sqrt{\pi a}}{E_K} = \frac{\sigma \sqrt{\pi A}}{\pi/2} \cdot \frac{\pi/2 k^{\frac{1}{4}}}{E_K} = K_{\mathrm{I}}^0 M_A \tag{3-97}$$

式中:K_{I}^0 是圆裂纹的 K_{I};M_A 是轴比 $k = \dfrac{a}{c}$ 的函数(图 3-13 的实线)。由图可看出,当 $k = \dfrac{a}{c} = 0.5$ 时,$M_A = 1.09$,有最大值。这表明当探伤给出当量直径(其

直径 $\phi = 2A$ ，面积为 πA^2 ）时，用轴比 $k = \dfrac{a}{c} = \dfrac{1}{2}$ 的椭圆裂纹来估算是偏安全的。

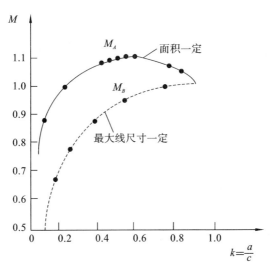

图 3-13 M 随 k 的变化曲线

（2）若探伤给出的是最大线尺寸，当最大直径相同时，圆裂纹的 K_{I} 比椭圆裂纹的 K_{I} 大。令最大线尺寸为 $2B$ ，对于椭圆裂纹，$2B = 2c = 2a/k$ ，其中 $k = \dfrac{a}{c}$ ，对于圆裂纹，$2B = 2a$ 。

$$K_{\mathrm{I}} = \frac{\sigma \sqrt{\pi a}}{E_K} = \frac{\sigma \sqrt{\pi B}}{\pi/2} \cdot \frac{\pi \sqrt{k}}{2E_K} = K_{\mathrm{I}}^0 M_B \qquad (3\text{-}98)$$

式中：K_{I}^0 是圆裂纹应力强度因子；M_B 随 $k = \dfrac{a}{c}$ 的变化而变化（图 3-13 中的虚线）。由图 3-13 可知，$M_B < 1$ 。这表明，当探伤给出的是最大线尺寸时，用圆裂纹估算偏安全。

（3）当缺陷线长度一样时，二维中心贯穿裂纹的 K_{I} 比其他裂纹组态的 K_{I} 要大。如在无限体中，有中心贯穿裂纹、十字形裂纹、带孔出耳裂纹，如图 3-14 所示，其 K_{I} 分别为

$$K_{\mathrm{I}}^a = \sigma \sqrt{\pi a}$$

$$K_{\mathrm{I}}^b = 0.8636\sigma \sqrt{\pi a}$$

$$K_{\mathrm{I}}^c = F\left(\frac{a - R_1}{R_1}\right)\sigma \sqrt{\pi a} = 0.857\sigma \sqrt{\pi a} \left(\text{当} \frac{a - R_1}{R_1} = 1 \text{ 时，} F = 0.857\right)$$

$$K_{\mathrm{I}}^d = F\left(\frac{a - R_1}{R_1}\right)\sigma \sqrt{\pi a} = 0.945\sigma \sqrt{\pi a} \left(\text{当} \frac{a - R_1}{R_1} = 1 \text{ 时，} F = 0.945\right)$$

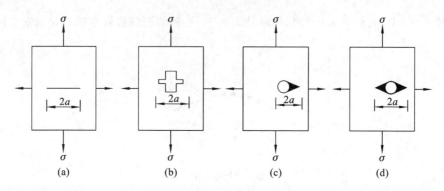

图 3-14　无限体的裂纹示意图

可以看出如探伤给出的缺陷线长度一样时,用中心贯穿裂纹估计 K_I 偏安全。

3.4.3　铆钉孔边双耳裂纹的 K_I

一有限宽板的一端受均匀拉应力 σ 的作用,板内有一铆钉孔(直径为 D),孔上受集中力 $P = \sigma W$ 作用,当孔边出现双耳裂纹时,求裂纹前端的 K_I。

利用叠加原理,图 3-15(a)可看成图(b)(c)(d)组合而成,即

$$K_I^a = K_I^b + K_I^c - K_I^d \tag{3-99}$$

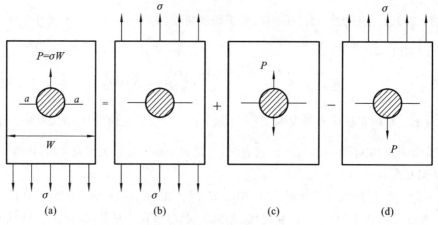

图 3-15　铆钉孔裂纹 K_I 的计算

可以看出,图 3-15(a)和(d)是完全一样的,即

$$K_I^a = K_I^d$$

故

$$K_I^a = \frac{1}{2}(K_I^b + K_I^c) \tag{3-100}$$

先求 K_I^b。如板为无限宽板,则有精确的解:

$$K_{\mathrm{I}} = \sigma \sqrt{\pi a} \cdot f\left(\frac{a}{D/2}\right) \tag{3-101}$$

式中：D 是孔的直径；$f\left(\dfrac{a}{D/2}\right)$ 的具体形式可查图获得。

如板为有限宽板,宽度为 W,则需要进行宽度修正,宽度修正公式为

$$F\left(\frac{a}{W}\right) = \sqrt{\sec \frac{\pi a}{W}} \tag{3-102}$$

由于这里的裂纹是从孔边引出的,故应当把孔的直径加到裂纹长度内,用有效裂纹长度 $a_{\mathrm{f}} = \dfrac{D}{2} + a$ 来进行宽度修正。

则

$$K_{\mathrm{I}}^{\mathrm{b}} = \sigma \sqrt{\pi a} f\left(\frac{a}{D/2}\right)\sqrt{\sec \frac{\pi(D+2a)}{2W}} \tag{3-103}$$

下面求 $K_{\mathrm{I}}^{\mathrm{c}}$。

无限宽板贯穿裂纹(长 $2a$)中心受一对集中力 P 作用时,有

$$K_{\mathrm{I}} = P/\sqrt{\pi a} \tag{3-104}$$

当裂纹 a 与孔径相比不太小时,可把孔加裂纹作为长度为 $2a_{\mathrm{f}}$ $\left[\text{双边裂纹 } a_{\mathrm{f}} = \dfrac{1}{2}\left(\dfrac{D}{2} + 2a\right),\text{单边裂纹 } a_{\mathrm{f}} = \dfrac{1}{2}\left(\dfrac{D}{2} + a\right)\right]$ 的贯穿裂纹看待,即

$$K_{\mathrm{I}} = P/\sqrt{\pi a_{\mathrm{f}}} \tag{3-105}$$

对于有限宽板,可乘以宽度修正因子 $F(a_{\mathrm{f}}/W)$ 并注意到 $P = \sigma W$,故有

$$K_{\mathrm{I}}^{\mathrm{c}} = \left[\sigma W/\sqrt{\pi\left(\frac{D}{2} + a\right)}\right] \cdot \sqrt{\sec \frac{\pi(D+2a)}{2W}} \tag{3-106}$$

把式(3-103)和式(3-106)代入式(3-100)得

$$K_{\mathrm{I}}^{\mathrm{a}} = \frac{\sigma}{2}\sqrt{\sec \frac{\pi(D+2a)}{2W}} \cdot \left[\sqrt{\pi a} \cdot f\left(\frac{a}{D/2}\right) + \frac{W}{\sqrt{\pi\left(\frac{D}{2} + a\right)}}\right] \tag{3-107}$$

3.4.4　旋转叶轮(或轴)内孔端裂纹的 K_{I}

一个以角速度 ω 旋转的叶轮,在内孔面上有一长为 $2a$ 的贯穿裂纹(图 3-16(a)),求裂纹前端的 K_{I}。可分下面几个步骤求解。

(1) 先求无裂纹时,旋转体力在裂纹所在部位的内应力场 T_0。这可由弹性力学中的解求出：

$$\begin{cases} \sigma_r = \dfrac{3+\upsilon'}{8}f\omega^2 R_2^2\left(1 + \dfrac{R_1^2}{R_2^2} - \dfrac{R_1^2}{r^2} - \dfrac{r^2}{R_2^2}\right) \\[3mm] \sigma_\theta = \dfrac{3+\upsilon'}{8}f\omega^2 R_2^2\left(1 + \dfrac{R_1^2}{R_2^2} + \dfrac{R_1^2}{r^2} - \dfrac{1+3\upsilon'}{3+\upsilon'} \cdot \dfrac{r^2}{R_2^2}\right) \end{cases} \tag{3-108}$$

式中：f 是叶轮密度；ω 为叶轮角速度；R_1 为叶轮内径；R_2 为叶轮外径；r 是计算点的位置。

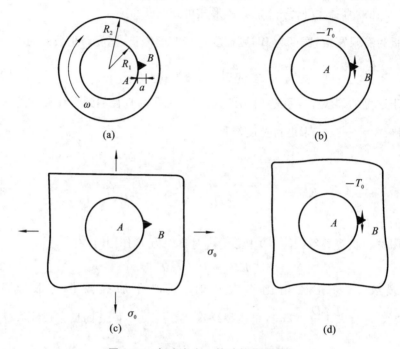

图 3-16　角速度为 ω 的叶轮贯穿裂纹

$\upsilon' = \upsilon$（平面应力），$\upsilon' = \dfrac{\upsilon}{1-\upsilon}$（平面应变），$\upsilon$ 为泊松比。σ_θ 是使裂纹张开的最危险的应力。对于电站用的叶轮和转子，一般内径 R_1 较小，叶轮外径 R_2 很大，$\dfrac{R_1}{R_2}$ $= \dfrac{1}{10} \sim \dfrac{1}{50}$，$\left(\dfrac{R_1}{R_2}\right)^2 \ll 1$。$r$ 的最大值为 $r_{\max} = R_1 + a$，由于 a 较小，$\left(\dfrac{r}{R_2}\right)^2 \leqslant 1$，而且 $\left(\dfrac{R_1}{R_2}\right)^2$ 和 $\left(\dfrac{r}{R_2}\right)^2$ 符号相反，故式（3-108）可简化为

$$T_0 = \sigma_\theta = \frac{3+\upsilon'}{8} f\omega^2 R_2^2 \left(1 + \frac{R_1^2}{r^2}\right) = \sigma_0 \left(1 + \frac{R_1^2}{r^2}\right) \tag{3-109}$$

其中，$\sigma_0 = \dfrac{3+\upsilon'}{8} f\omega^2 R_2^2$。

根据叠加原理，问题就转化为求中心孔裂纹受 T_0 作用（图 3-16(b)）时的 K_I^b 了。

（2）求带有中心孔的无限体，受双向拉应力 $\sigma_0 = \dfrac{3+\upsilon'}{8} f\omega^2 R_2^2$（图 3-16(c)）时孔边附近的应力。

由弹性理论并注意在坐标 $\theta = \dfrac{\pi}{2}$ 上,单向拉伸时有

$$\sigma_\theta = \frac{S}{2}\left(1 + \frac{R_1^2}{r^2}\right) \tag{3-110}$$

无限体受双向应力 S 时,由叠加法可知:

$$\sigma_\theta = S\left(1 + \frac{R_1^2}{r^2}\right) \tag{3-111}$$

现在 $S = \sigma_0$, $a = R_1$,所以图 3-16(c)孔边附近的应力为

$$T_0 = \sigma_\theta = \sigma_0\left(1 + \frac{R_1^2}{r^2}\right) \tag{3-112}$$

根据叠加原理,双向拉力作用下无限体中心孔边裂纹的 K_{I} 等于外界不受力,裂纹处作用着 T_0 时的 $K_{\mathrm{I}}^{\mathrm{d}}$ (图 3-16(d))。对于图 3-16(c)的裂纹组态,B 处的 $K_{\mathrm{I}}^{\mathrm{c}}$ 已有精确解:

$$K_{\mathrm{I}}^{\mathrm{c}} = \sigma_0\sqrt{\pi a}\,f\left(\frac{a}{R_1}\right) \tag{3-113}$$

其中,$f\left(\dfrac{a}{R_1}\right)$ 是随 a 和孔径 $D = 2R_1$ 变化而变化的(图 3-17)。

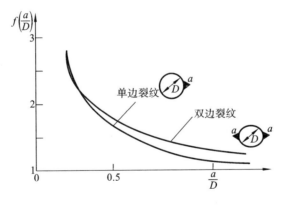

图 3-17　$f\left(\dfrac{a}{D}\right)$ 函数曲线

(3) 根据类比原则,图 3-16(b)(d)裂纹前端 K_{I} 近似相同,即 $K_{\mathrm{I}}^{\mathrm{b}} = K_{\mathrm{I}}^{\mathrm{d}}$ 。因为两种组态内孔半径一样,裂纹大小及组态一样,裂纹上下边界面的受力也一样($-T_0$),外边界都没有约束,唯一不同的是一个边界是有限的,另一个是无限的,考虑到边界都是自由的,故有限体和无限体的差别是很小的,即 $K_{\mathrm{I}}^{\mathrm{b}} = K_{\mathrm{I}}^{\mathrm{d}}$,这种近似程度在工程上是足够的。

由于 $K_{\mathrm{I}}^{\mathrm{a}} = K_{\mathrm{I}}^{\mathrm{b}}$,所以有 $K_{\mathrm{I}}^{\mathrm{a}} = K_{\mathrm{I}}^{\mathrm{c}}$,就是说,旋转叶轮中心孔边裂纹的 K_{I} 由式(3-113)给出。

（1）如叶轮中心孔两边都有长度相等的出耳裂纹，可以用同样方法证明，其 K_{I} 等于无限体中心孔两边出耳裂纹受双向应力 $\sigma_0 = \dfrac{3+v'}{8}f\omega^2 R_2^2$ 作用时的 K_{I}，而后者也有现成的解。

$$K_{\mathrm{I}} = \sigma_0 \sqrt{\pi a} f\left(\frac{a}{D}\right) \quad \left(f\left(\frac{a}{D}\right)\text{可由图 3-17 查得}\right) \tag{3-114}$$

（2）如果裂纹并不和内孔相连，而是一个近内孔的裂纹（图 3-18），只要裂纹不太大，且靠近内孔，则仍有 $\dfrac{r^2}{R_2^2} \ll 1$。式（3-109）仍成立，上述分析也成立，所以近内孔裂纹旋转体的 K_{I} 等于无限体受双向应力 $\sigma_D = \dfrac{3+v'}{8}f\omega^2 R_2^2$ 作用时近内孔裂纹的 K_{I}，后者也有精确的解。

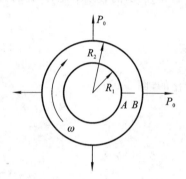

图 3-18　旋转体近内孔裂纹

（3）实际的叶轮（或转子）上面嵌有叶片（转子上面装有线圈），故工作时除了受到旋转体力外，还受到叶片（或线圈）的离心力作用。叶片（或线圈）离心力按厚壁筒受均匀外力 P 来计算（图 3-18），其值为

$$\begin{cases} \sigma_r^P = \dfrac{PR_2^2}{R_2^2 - R_1^2}\left(1 - \dfrac{R_1^2}{r^2}\right) \\[3mm] \sigma_\theta^P = \dfrac{PR_2^2}{R_2^2 - R_1^2}\left(1 + \dfrac{R_1^2}{r^2}\right) \end{cases}$$

合应力为

$$\sigma_\theta = \sigma_\theta^\omega + \sigma_\theta^P$$

其中，σ_θ^ω 由式（3-108）给出，是旋转体力产生的，当内孔和裂纹较小时，可由式（3-109）给出。σ_θ^P 由上式给出。故

$$T_0 = \sigma_\theta = \left(\frac{3+v'}{8}f\omega^2 R_2^2 + \frac{PR_2^2}{R_2^2 - R_1^2}\right) \times \left(1 + \frac{R_1^2}{r^2}\right) = \sigma^{\#}\left(1 + \frac{R_1^2}{r^2}\right) \tag{3-115}$$

其中，$\sigma^{\#} = \dfrac{3+v'}{8}f\omega^2 R_2^2 + \dfrac{PR_2^2}{R_2^2 - R_1^2}$。

由于 τ_0 和无限体受双向应力 $\sigma^{\#}$ 作用，内孔附近的 T_0 一样，故带有外拉力的旋转体内孔附近（或和内孔相连）裂纹的 K_{I} 等于无限体受双向应力 $\sigma_0^{\#}$ 作用时内孔附近裂纹的 K_{I}，后者有现成的精确解。

对于实心叶轮（无中心孔即 $R_1 = 0$），则

$$T_0 = \sigma_\theta = \sigma_0^{\#}$$

$$\sigma_0^{\#} = \frac{3+v'}{8}f\omega^2 R_2^2 + P \tag{3-116}$$

因此根据上面的论述可知,实心圆盘心部裂纹的 K_{I} 等于无限体受双向应力 $\sigma_0^{\#}$ 作用时中心贯穿裂纹的 K_{I} ,即 $K_{\mathrm{I}} = \sigma_0^{\#} \sqrt{\pi a}$ 。

3.5　塑性区及其修正

上述理论分析都是以线弹性模型为前提条件的,即认为材料是完全属于线弹性的,但实际的金属材料并非完全属于线弹性,而是有不同程度的塑性。因此裂纹前端的材料总不可避免地要产生塑性变形,由应力公式可以看出,愈接近裂纹尖端应力愈大, $r \to 0$ 时应力趋近于 ∞ ,当 r 小到一定程度,裂纹前端应力到达材料的屈服强度时,裂纹前端附近的材料就会产生塑性变形而屈服,形成一个屈服区域,称为塑性区。当这个屈服区较小(称小范围屈服)时,对线弹性断裂力学理论进行一定的修正后其仍可适用,但如果材料韧性很好或试样尺寸很小,使得在临界条件出现前裂纹尖端的塑性区就充分大(称大范围屈服),这时线弹性断裂力学就不适用了,必须应用弹塑性断裂力学了。

3.5.1　塑性区的形状和大小

1. 根据屈服条件确定塑性区形状大小

1)利用米赛斯(von Mises)屈服条件

米赛斯认为,若复杂应力状态的形状改变能密度与单向拉压屈服时的形状改变能密度相等,材料就屈服,其表达式为

$$(\sigma_1 - \sigma_2)^2 + (\sigma_2 - \sigma_3)^2 + (\sigma_3 - \sigma_1)^2 = 2\sigma_s^2 \tag{3-117}$$

式中: σ_1 、 σ_2 、 σ_3 是主应力。主应力公式为

$$\begin{cases} \begin{array}{l} \sigma_1 \\ \sigma_2 \end{array} = \dfrac{\sigma_x + \sigma_y}{2} \pm \sqrt{\left(\dfrac{\sigma_x - \sigma_y}{2}\right)^2 + \tau_{xy}^2} \\[3mm] \sigma_3 = \begin{cases} 0 & \text{(平面应力)} \\ \upsilon(\sigma_1 + \sigma_2) & \text{(平面应变)} \end{cases} \end{cases} \tag{3-118}$$

把张开型裂纹的应力公式代入式(3-118)有

$$\begin{aligned} \begin{array}{l} \sigma_1 \\ \sigma_2 \end{array} &= \frac{K_{\mathrm{I}}}{\sqrt{2\pi r}} \cos \frac{\theta}{2} \left[1 \pm \sqrt{\sin^2 \frac{\theta}{2} \sin^2 \frac{3\theta}{2} + \sin^2 \frac{\theta}{2} \cos^2 \frac{3\theta}{2}} \right] \\[2mm] &= \frac{K_{\mathrm{I}}}{\sqrt{2\pi r}} \cos \frac{\theta}{2} \left[1 \pm \sin \frac{\theta}{2} \sqrt{\sin^2 \frac{3\theta}{2} + \cos^2 \frac{3\theta}{2}} \right] \\[2mm] &= \frac{K_{\mathrm{I}}}{\sqrt{2\pi r}} \cos \frac{\theta}{2} \left[1 \pm \sin \frac{\theta}{2} \right] \end{aligned} \tag{3-119}$$

对于平面应力(薄板或厚板表面): $\sigma_3 = 0$ 。

把式(3-118)代入式(3-117)可解出:

$$r = \frac{K_{\mathrm{I}}^2}{2\pi\sigma_{\mathrm{s}}^2}\cos^2\frac{\theta}{2}\left[1 \pm 3\sin^2\frac{\theta}{2}\right] \tag{3-120}$$

这就是平面应力下 I 型裂纹前端屈服区域的边界方程,将其绘成曲线,如图 3-19 (a)实线所示,在 x 轴上 $\theta = 0$ 对应的 r 值为

$$r_0 = \frac{1}{2\pi}\left(\frac{K_{\mathrm{I}}}{\sigma_{\mathrm{s}}}\right)^2 \tag{3-121}$$

对于平面应变(厚板中心): $\sigma_3 = \sigma_z = \upsilon(\sigma_1 + \sigma_2)$,即

$$\sigma_3 = \frac{K_{\mathrm{I}}}{\sqrt{2\pi r}}2\upsilon\cos\frac{\theta}{2} \tag{3-122}$$

将 σ_1 、σ_2 、σ_3 一起代入式(3-117),则:

$$\left[\frac{K_{\mathrm{I}}}{\sqrt{2\pi r}}\cos\frac{\theta}{2}\right]^2\left\{\left(2\sin\frac{\theta}{2}\right)^2 + \left[(1-2\upsilon) + \sin\frac{\theta}{2}\right]^2 + \left[(1-2\upsilon) - \sin\frac{\theta}{2}\right]^2\right\} = 2\sigma_{\mathrm{s}}^2$$

解出:

$$r^* = \frac{K_{\mathrm{I}}^2}{2\pi\sigma_{\mathrm{s}}^2}\cos^2\frac{\theta}{2}\left[(1-2\upsilon)^2 + 3\sin^2\frac{\theta}{2}\right] \tag{3-123}$$

这就是平面应变下 I 型裂纹前端屈服区域的边界方程,如图 3-19(a)中虚线所示(泊松比 $\upsilon = 0.3$)。

在 x 轴上 $\theta = 0$ 对应的 r^* 值为

$$r_0^* = (1-2\upsilon)^2\frac{1}{2\pi}\left(\frac{K_{\mathrm{I}}}{\sigma_{\mathrm{s}}}\right)^2 = 0.16\frac{1}{2\pi}\left(\frac{K_{\mathrm{I}}}{\sigma_{\mathrm{s}}}\right)^2 \tag{3-124}$$

2) 利用屈雷斯加(Tresca)屈服判据

Tresca 认为,在复杂受力下,当最大剪应力与材料单向拉伸屈服剪应力 τ_{s} 相等时,材料便会屈服,即 $\tau_{\max} = \frac{\sigma_{\mathrm{s}}}{2}$ 。所得屈服区形状如图 3-19(b)所示,基本结论和米赛斯判据是一致的。

2. 平面应变和平面应力的比较

比较图 3-19 中的实线和虚线可知,在平面应变下,裂纹前端的屈服区远比平面应力下的要小,这是为什么呢? 这是因为在平面应变下,由于沿板厚方向(z 方向)存在着第三向的拉应力 σ_3 ,在三向拉应力作用下,材料不容易屈服,即材料的有效屈服应力 σ_{ys} 比单向拉伸屈服应力 σ_{s} 要高,而在平面应力条件下,有效屈服应力 $\sigma_{\mathrm{ys}} = \sigma_{\mathrm{s}}$ 。下面就来说明这一点。

设 $\sigma_1 = \sigma_{\max}$ 是最大主应力,令 $\sigma_2 = n\sigma_1$,$\sigma_3 = m\sigma_1$,将其代入米赛斯判据式(3-117):

$$\sigma_{\max}^2\left[(1-n)^2 + (n-m)^2 + (m-1)^2\right] = 2\sigma_{\mathrm{s}}^2 \tag{3-125}$$

我们把塑性区中的最大应力 $\sigma_{\max}$ 和 σ_{s} 的比值,称为塑性约束系数 k :

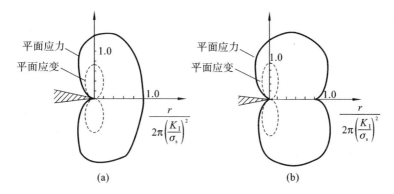

图 3-19　屈服区边界和形状

$$k = \frac{\sigma_{\max}}{\sigma_s}$$

由式(3-125)知

$$k = \frac{\sigma_{\max}}{\sigma_s} = (1 - n - m + n^2 + m^2 - mn)^{-\frac{1}{2}} \qquad (3\text{-}126)$$

对于 I 型裂纹,用主应力表示的应力均由式(3-119)给出。

$$n = \frac{\sigma_2}{\sigma_1} = \frac{1 - \sin\dfrac{\theta}{2}}{1 + \sin\dfrac{\theta}{2}}, \quad m = \frac{\sigma_3}{\sigma_1} = \frac{\upsilon(\sigma_1 + \sigma_2)}{\sigma_1} = \frac{2\upsilon}{1 + \sin\dfrac{\theta}{2}}$$

在 x 轴上 $\theta = 0$ 处, $n = 1, m = 2\upsilon = \dfrac{2}{3}$ (取 $\upsilon = \dfrac{1}{3}$),代入式(3-126),得

$$k = \frac{\sigma_{\max}}{\sigma_s} = \frac{1}{1 - 2\upsilon}$$

如取 $\upsilon = \dfrac{1}{3}$,则 $k = 3, \sigma_{\max} = 3\sigma_s$ 。

对于平面应力, $\sigma_3 = 0, m = 0, n = 1$,代入式(3-126),得

$$k = \frac{\sigma_{\max}}{\sigma_s} = 1, \quad \sigma_{\max} = \sigma_s$$

塑性区中最大应力 $\sigma_1 = \sigma_{\max}$ 称为有效屈服应力,并用 σ_{ys} 表示,所以

$$\sigma_{ys} = \begin{cases} 3\sigma_s & \text{(平面应变)} \\ \sigma_s & \text{(平面应力)} \end{cases} \qquad (3\text{-}127)$$

这表明,对于平面应变,在 $\theta = 0$ 的平面上,屈服区内最大应力 σ_{ys} 是 σ_s 的三倍。

实际上,一般试件表面大都处于平面应力状态,只有中心部分才处于平面应变状态,因此平均约束系数 $k < 3$,实验测定 $k = 1.5 \sim 2$,而用切口圆柱试样测出的

$k = \sqrt{2\sqrt{2}} = 1.68$，所以一般都取：

$$\sigma_{\mathrm{ys}} = \begin{cases} \sqrt{2\sqrt{2}}\,\sigma_{\mathrm{s}} & \text{（平面应变）} \\ \sigma_{\mathrm{s}} & \text{（平面应力）} \end{cases} \tag{3-128}$$

3. 考虑应力松弛效应

由于上面的讨论没有考虑屈服区内的材料发生塑性变形而引起的应力松弛效应，因此若考虑应力松弛效应，屈服区还将进一步扩大。下面用简单的估计来确定考虑应力松弛后屈服区的尺寸 R。其基本依据为，单位厚含裂纹平板在外力作用下产生局部屈服后，其净截面上的内力（分布内力的积分）应当与外力平衡。

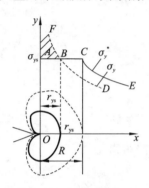

图 3-20　应力松弛效应

在出现塑性变形之前（即应力松弛前），在裂纹前端 $\theta = 0$ 的平面内，法向应力 σ_y 的分布规律由图 3-20 中的虚线所示：

$$\sigma_y \bigg|_{\theta=0} = \frac{K_{\mathrm{I}}}{\sqrt{2\pi r}}$$

此曲线下面的面积 $F_1 = \int \sigma_y(x)\mathrm{d}x$ 对应的力应与外力平衡。在图 3-20 上，又用实线描绘出了当材料在裂纹前端局部范围到达有效屈服应力 σ_{ys} 后，附近区域中 $\sigma_y^*(x)$ 的变化规律曲线（不考虑材料的加工硬化影响）。此曲线下面的面积 $F_2 = \int \sigma_y^* \mathrm{d}x$ 也代表净截面上的内力，它也同样应当与外力平衡。因此有：

$$F_1 = F_2$$

$$\int \sigma_y \mathrm{d}x = \int \sigma_y^* \mathrm{d}x$$

由于 CE 和 BD 两段曲线均代表弹性应力场的变化规律，故这两段曲线下的面积（弹性场中的内力）应当相等，要使 FBD 曲线下的面积（即 F_1）等于 $ABCE$ 曲线下的面积（F_2），就要求 FB 段曲线下的面积 $F_1 = \int_0^{r_{\mathrm{ys}}} \sigma_y(x)\mathrm{d}x$ 等于 ABC 直线下的面积 $\sigma_{\mathrm{ys}} R$，即

$$R \cdot \sigma_{\mathrm{ys}} = \int_0^{r_{\mathrm{ys}}} \frac{K_{\mathrm{I}}}{\sqrt{2\pi x}}\mathrm{d}x \tag{3-129}$$

其中，r_{ys} 是 $\sigma_y(\theta = 0)$ 这个应力等于复杂应力状态下材料有效屈服应力 σ_{ys} 时的 r 值，即

$$
\begin{cases}
\sigma_y \big|_{\theta=0} = \dfrac{K_I}{\sqrt{2\pi r_{ys}}} = \sigma_{ys} \\[3mm]
r_{ys} = \dfrac{1}{2\pi}\left(\dfrac{K_I}{\sigma_{ys}}\right)^2
\end{cases}
\tag{3-130}
$$

在平面应力下：

由式(3-127)知,将 $\sigma_s = \sigma_{ys}$ 代入式(3-130),得

$$
r_{ys} = \frac{1}{2\pi}\left(\frac{K_I}{\sigma_s}\right)^2 = r_0
\tag{3-131}
$$

将式(3-130)及 $\sigma_s = \sigma_{ys}$ 代入式(3-129)：

$$
\begin{cases}
R \cdot \sigma_s = \displaystyle\int_0^{r_0} \dfrac{K_I}{\sqrt{2\pi}} x^{-\frac{1}{2}}\, \mathrm{d}x = \dfrac{2K_I}{\sqrt{2\pi}}\left(\dfrac{K_I^2}{2\pi\sigma_s^2}\right)^{\frac{1}{2}} \\[4mm]
R = \dfrac{1}{\pi}\left(\dfrac{K_I}{\sigma_s}\right)^2 = 2r_0
\end{cases}
\tag{3-132}
$$

这表明:在平面应力下,考虑屈服区内应力松弛后, x 轴上的屈服区扩大了一倍。较精确的解为

$$
R = \frac{\pi}{8}\left(\frac{K_I}{\sigma_s}\right)^2
$$

可见上述粗略估计的精确度是可以的。

在平面应变下：

由式(3-128)知,这时 $\sigma_{ys} = \sqrt{2\sqrt{2}}\,\sigma_s$,将此值代入式(3-130)：

$$
r_{ys}^* = \frac{1}{4\sqrt{2\pi}}\left(\frac{K_I}{\sigma_s}\right)^2
\tag{3-133}
$$

代入式(3-129)：

$$
\begin{cases}
R^* \cdot \sqrt{2\sqrt{2}}\,\sigma_s = \dfrac{2K_I}{\sqrt{2\pi}}\left[\dfrac{1}{4\sqrt{2\pi}}\left(\dfrac{K_I}{\sigma_s}\right)^2\right]^{\frac{1}{2}} = \dfrac{1}{\pi\sqrt{2\sqrt{2}}}\dfrac{K_I^2}{\sigma_s} \\[4mm]
R^* = \dfrac{1}{\pi 2\sqrt{2}}\left(\dfrac{K_I}{\sigma_s}\right)^2
\end{cases}
\tag{3-134}
$$

把 R^* 和式(3-124)的 r_0^* 相比较,可看出平面应变下,在考虑应力松弛效应后,屈服区在 x 轴上的尺寸增大了 $\dfrac{R^*}{r_0^*} = \dfrac{1}{\sqrt{2}(1-2\upsilon)^2} = 4.3$ 倍。

另外,式(3-124)和式(3-133)的差异在于塑性的约束系数 k 选取了不同的值, $k = \dfrac{1}{1-2\upsilon}$ 时得式(3-124), $k = \sqrt{2\sqrt{2}}$ 时得式(3-133)。

另外需说明:上面的讨论是在假定材料没有强化作用的情况下的,即应力达到屈服极限 σ_s 后,应变虽然继续增大但应力 σ_s 保持不变。对于有强化作用的材料,

裂纹尖端塑性区尺寸要比上述结果小。强化作用越大的材料,塑性区的尺寸越小,因此不考虑强化作用,实质上相当于引入了安全系数,对设计是偏安全的。

3.5.2　裂纹尺寸

3.5.1 节讨论了在考虑应力松弛效应后,裂纹前端屈服区的实际大小,并确定了在平面应力和平面应变条件下,屈服区在 x 轴上的尺寸 R。现在可以开始讨论如何计算 K_{I} 的问题。

以前介绍的计算 K_{I} 的方法是建立在理想的线弹性理论基础上的,它与裂纹尖端附近的弹性应力场有关,是弹性应力场强弱的度量。考虑裂纹前端出现的屈服区引起的应力松弛使得裂纹前端区的弹性应力场发生变化后,K 的计算方法也要发生变化。计算 K 值时仍要利用线弹性理论所得的公式,但这时裂纹长度要用有效裂纹尺寸才行。

设发生应力松弛的屈服区在 x 轴上的尺寸为 $AB = R$,实际的应力变化曲线为 ACE,要确定有效裂纹尺寸,其基本原理为:

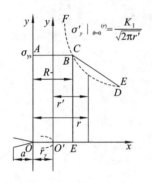

图 3-21　有效裂纹长度计算图

假设裂纹的计算边界由点 O 向右移到点 O',($OO' = r_y$),以便使弹性区域(即 x 大于 R 的区域)内按线弹性理论获得的应力 $\sigma_y|_{\theta=0}$ 变化曲线(图 3-21 中的虚线)和实际的应力曲线 σ_y^*(图 3-21 中的实线)基本上重合,由此确定的有效裂纹尺寸为

$$a_{\text{有效}} = a + r_y \qquad (3\text{-}135)$$

现在来求 r_y。

当弹性区域内虚线与实线所代表的应力曲线(图 3-21)基本上重合(即 BD 和 CE 重合)时,其条件为:裂纹的计算边界向右移动距离 r_y,使虚线所代表的应力 $\sigma_y|_{\theta=0} = \dfrac{K_{\mathrm{I}}}{\sqrt{2\pi r}}$ 曲线正好在屈服区的边界点 B 处和实线中的水平线 $AC(\sigma = \sigma_{\mathrm{ys}})$ 相交。也就是说,在 $x = R - r_y$ 处(即点 B 处),有

$$\sigma_y|_{\theta=0,x=R-r_y} = \sigma_{\mathrm{ys}} \qquad (3\text{-}136)$$

即

$$\frac{K_{\mathrm{I}}}{\sqrt{2\pi(R-r_y)}} = \sigma_{\mathrm{ys}} \qquad (3\text{-}137)$$

由此得

$$r_y = R - \frac{K_{\mathrm{I}}^2}{2\pi\sigma_{\mathrm{ys}}^2} \qquad (3\text{-}138)$$

在平面应力下：

由式(3-132)知：$R = \dfrac{1}{\pi}\left(\dfrac{K_\mathrm{I}}{\sigma_\mathrm{s}}\right)^2$，$\sigma_\mathrm{ys} = \sigma_\mathrm{s}$，故

$$r_y = \frac{1}{\pi}\left(\frac{K_\mathrm{I}}{\sigma_\mathrm{s}}\right)^2 - \frac{1}{2\pi}\left(\frac{K_\mathrm{I}}{\sigma_\mathrm{s}}\right)^2 = \frac{1}{2\pi}\left(\frac{K_\mathrm{I}}{\sigma_\mathrm{s}}\right)^2 \tag{3-139}$$

在平面应变下：

由式(3-134)知：

$$\begin{cases} R^* = \dfrac{1}{2\sqrt{2}\pi}\left(\dfrac{K_\mathrm{I}}{\sigma_\mathrm{s}}\right)^2, & \sigma_\mathrm{ys} = \sqrt{2\sqrt{2}}\sigma_\mathrm{s} \\[2mm] r_y = \dfrac{1}{2\sqrt{2}\pi}\left(\dfrac{K_\mathrm{I}}{\sigma_\mathrm{s}}\right)^2 - \dfrac{1}{4\sqrt{2}\pi}\left(\dfrac{K_\mathrm{I}}{\sigma_\mathrm{s}}\right)^2 = \dfrac{1}{4\sqrt{2}\pi}\left(\dfrac{K_\mathrm{I}}{\sigma_\mathrm{s}}\right)^2 \end{cases} \tag{3-140}$$

比较式(3-130)和式(3-139)以及式(3-133)和式(3-140)知：

$$r_y = r_{ys} = \frac{R}{2} \tag{3-141}$$

即说明无论在平面应力还是平面应变下，裂纹的计算边界正好位于 x 轴上屈服区域的中心，平面应力下的 r_y 约为平面应变下的 3 倍，从而裂纹有效长度为

$$a_{有效} = a + r_y \tag{3-142}$$

3.5.3　应力强度因子计算

有了上述有效裂纹长度 $a_{有效}$ 以后，即可按线弹性的理论来计算 K_I 的值了。

1. K_I 表达式简单时可用解析式

(1) 对于无限宽板中心贯穿裂纹，已知在线弹性条件下：

$$K_\mathrm{I} = \sigma\sqrt{\pi a} \tag{3-143}$$

在小范围屈服条件下：

$$K_\mathrm{I}^* = \sigma\sqrt{\pi(a + r_y)} \tag{3-144}$$

将

$$r_y = \frac{1}{a}\left(\frac{K_\mathrm{I}}{\sigma_\mathrm{s}}\right)^2$$

$$a = \begin{cases} 2\pi & (平面应力) \\ 4\sqrt{2}\pi & (平面应变) \end{cases} \tag{3-145}$$

代入式(3-144)，则得

$$\begin{cases} K_\mathrm{I}^{*2} = \sigma^2\left[\pi\left(a + \dfrac{K_\mathrm{I}^2}{a\sigma_\mathrm{s}^2}\right)\right] \\[2mm] K_\mathrm{I}^* = M_\mathrm{P}\cdot\sigma\sqrt{\pi a} = M_\mathrm{P}\cdot K_\mathrm{I} \\[2mm] M_\mathrm{P} = \dfrac{1}{\sqrt{1 - \dfrac{\pi}{a}\left(\dfrac{\sigma}{\sigma_\mathrm{s}}\right)^2}} \end{cases} \tag{3-146}$$

这表明在小范围屈服条件下的 K_I^* 比线弹性条件下的 K_I 有所增大，M_P 就是增大因子，称为塑性区修正因子。

（2）表面半椭圆裂纹受单向拉伸时，在短轴端点处：

$$K_I = \frac{1.1\sigma\sqrt{\pi a}}{E_K}$$

对于平面应变，

$$r_y = \frac{1}{4\sqrt{2}\pi}\left(\frac{K_I}{\sigma_s}\right)^2$$

代入式（3-146）则有

$$K_I^* = \frac{1.1\sigma\sqrt{\pi}}{E_K}\sqrt{a + \frac{1}{4\sqrt{2}\pi}\left(\frac{K_I^*}{\sigma_s}\right)^2}$$

解得

$$K_I = \frac{1.1\sigma\sqrt{\pi a}}{\sqrt{E_K^2 - 0.212\left(\frac{\sigma}{\sigma_s}\right)^2}} = 1.1\sqrt{\frac{\pi a}{2}}\sigma = \frac{1.95\sigma\sqrt{a}}{\sqrt{2}} \tag{3-147}$$

2. K_I 表达式复杂时一般用图解法

对于实际有限尺寸的裂纹试样，其 K_I 表达式较为复杂，一般

$$K_I = Y\sigma\sqrt{\pi a} = \sigma\sqrt{W}\left(\frac{a}{W}\right)^{\frac{1}{2}}Y = \sigma\sqrt{W}\cdot F \tag{3-148}$$

其中，Y 或 F 一般都是 $\left(\frac{a}{W}\right)$ 的复杂函数（W 是试样宽度）。用边界配位法求得单边切口拉伸试样的 K_I 为

$$\begin{cases} K_I = \sigma\sqrt{W}\cdot F\left(\frac{a}{W}\right) \\ F\left(\frac{a}{W}\right) = 1.99\left(\frac{a}{W}\right)^{1/2} - 0.41\left(\frac{a}{W}\right)^{3/2} + 18.70\left(\frac{a}{W}\right)^{5/2} \\ \qquad - 38.48\left(\frac{a}{W}\right)^{7/2} + 53.85\left(\frac{a}{W}\right)^{9/2} + \cdots \end{cases} \tag{3-149}$$

其中，a 取 $a_{有效} = a + \frac{1}{2\pi}\left(\frac{K_I^*}{\sigma_s}\right)^2$，代入 $F\left(\frac{a}{W}\right)$ 时，难以直接解出 K_I^*。可用逐次逼近法求解，先将 a 代入式（3-149）求出修正的 K_I，代入 $a_{有效}$ 的公式算出 $a_{有效}$，再代入式（3-149）算出修正的 K_I^* 值。这个方法比较麻烦，一般多用图解法，可一次求出有效的 K_I 值。

（1）绘制 $F^2\left(\frac{a}{W}\right)$-$\left(\frac{a}{W}\right)$ 曲线。

对于有限尺寸的试样，K_I 可写为 $K_I = \sigma\sqrt{W}F\left(\frac{a}{W}\right)$，而 $F\left(\frac{a}{W}\right)$ 是 $\left(\frac{a}{W}\right)$ 的

已知函数。可以 $F^2\left(\dfrac{a}{W}\right)$ 为纵坐标，$\dfrac{a}{W}$ 为横坐标作图。图 3-22 所示的实线为单边

切口拉伸试样根据式(3-149)绘制成的曲线,有了此曲线,如果能确定 $\dfrac{a_{\text{有效}}}{W}$,就可

由曲线确定 $\dfrac{K_{\text{I}}^2}{\sigma^2 W}$,从而确定 K_{I} 。

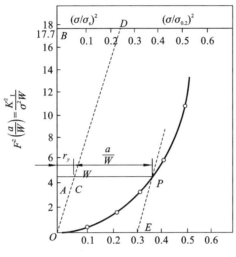

图 3-22　$F^2\left(\dfrac{a}{W}\right)$-$\dfrac{a}{W}$ 曲线

（2）求 $\dfrac{a_{\text{有效}}}{W} = \dfrac{a}{W} + \dfrac{r_y}{W}$ 。

根据前述 $r_y = \dfrac{1}{a}\left(\dfrac{K_{\text{I}}}{\sigma_s}\right)^2$ 及

$$a = \begin{cases} 2\pi = 6.6 & （平面应力） \\ 4\sqrt{2}\pi = 17.7 & （平面应变） \end{cases}$$

$$\frac{r_y}{W} = \frac{\dfrac{1}{W}\left(\dfrac{K_{\text{I}}^*}{\sigma_s}\right)^2 \left(\dfrac{\sigma_s}{\sigma}\right)^2}{a\left(\dfrac{\sigma_s}{\sigma}\right)^2} = \frac{K_{\text{I}}^*}{\sigma^2 W} \cdot \left(\frac{\sigma}{\sigma_s}\right)^2 / a \tag{3-150}$$

以 $\dfrac{K_{\text{I}}^*}{\sigma^2 W} = y$ 为纵坐标,以 $\dfrac{r_y}{W} = x$ 为横坐标,则式(3-150)就是一条过原点 O 的直线

的方程。$y = \dfrac{a}{\left(\dfrac{\sigma}{\sigma_s}\right)^2} x$,其斜率为 $\dfrac{a}{\left(\dfrac{\sigma}{\sigma_s}\right)^2}$ 。图 3-22 中的直线 OD 通过原点 O,以及

点 $\left[a, \left(\dfrac{\sigma}{\sigma_s}\right)^2\right]$ 。在 y 轴上 $a = 17.7$ (平面应变)的点 B 处,作一条平行横轴的直线

BD,上面刻上标尺(和横轴刻度一样,但代表的是$\left(\dfrac{\sigma}{\sigma_s}\right)^2$的值)。

由于$\left(\dfrac{\sigma}{\sigma_s}\right)^2 = 0.25$,在$BD$标尺上选$BD = 0.25$定出点$D$,直线$OD$就是式(3-150)所代表的直线。

$$\frac{r_y}{W} = \frac{0.25}{17.7} \cdot \frac{K_{\mathrm{I}}^{*2}}{\sigma^2 W} \tag{3-151}$$

设原裂纹长$\dfrac{a}{W} = 0.30$,从点E($\dfrac{a}{W} = 0.3$的点)作一条平行于OD的直线EP,和试样的标度曲线(实线)交于点P,很显然$CP = OE = \dfrac{a}{W}$,而$AC = \dfrac{r_y}{W}$,$AP = \dfrac{a}{W} + \dfrac{r_y}{W}$是有效裂纹长度;点$P$纵坐标$AO = \dfrac{K_{\mathrm{I}}^{*2}}{\sigma^2 W}$,由此标出的$K_{\mathrm{I}}^{*} = \sqrt{AO \cdot \sigma^2 W}$就是修正后的应力强度因子。

因为$\dfrac{AO}{BO} = \dfrac{AC}{BD}$,所以

$$\frac{K_{\mathrm{I}}^{*2}/(\sigma^2 W)}{a = 17.7} = \frac{r_y/W}{\left(\dfrac{\sigma}{\sigma_s}\right)^2 = 0.25}$$

它就是式(3-150),由此算出的K_{I}^{*}正是所求的有效K_{I}值。

对于平面应力问题,则可选$a = 6.6$,其他步骤和上述相同。

3.6　含裂纹体的能量分析

3.6.1　裂纹扩展的能量释放率 G

裂纹扩展的规律也可以从能量守恒和转化的角度来观察。显然在裂纹扩展过程中要消耗能量,主要的有裂纹表面能。裂纹扩展时,裂纹的表面积增加,而产生新表面需要消耗能量。产生单侧表面单位面积所需的能量为γ,而在扩展过程中要形成上下两个表面,故产生单位裂纹面积所需的能量共为2γ。

对非纯弹性材料而言,裂纹扩展前还需经历塑性变形阶段,这也需要消耗能量,裂纹扩展单位面积克服塑性变形所消耗的能量为U_P(塑性变形能往往要比裂纹表面能大3~6个数量级)。

总体来说,裂纹扩展单位面积所消耗的能量为

$$R = 2\gamma + U_P \tag{3-152}$$

从物理概念上来看,R代表裂纹扩展的阻力,而裂纹要扩展,就必须有动力去克服这种阻力,若当裂纹扩展单位面积时,系统供给的动力为G,则显然只有在$R \leqslant G$时,裂纹才能扩展。

裂纹扩展所需要的动力,应由和外力有关的系统提供。若整个系统的能量(势能)用 U 表示,裂纹扩展面积为 $\mathrm{d}A$,则需要整个系统的势能下降来提供裂纹扩展所需要的能量。

据:
$$G \cdot \mathrm{d}A = -\mathrm{d}U$$

则有:
$$G = -\frac{\mathrm{d}U}{\mathrm{d}A} \tag{3-153}$$

有时把裂纹扩展单位长度系统势能的下降率称为裂纹扩展力,即
$$G = -\frac{\mathrm{d}U}{\mathrm{d}a} \tag{3-154}$$

其中,U 是指单位厚度试件系统的势能,如试件的厚为 B,则:
$$G = -\frac{1}{B}\frac{\mathrm{d}U}{\mathrm{d}a} \tag{3-155}$$

如图 3-23 所示,含裂纹体在恒力作用下,弹性伸长为 δ,外力做功为 W,体内应变能为 $\overline{E}$。如裂纹扩展 $\mathrm{d}a$,试件相应伸长 $\delta+\mathrm{d}\delta$,应变能也相应增加 $\mathrm{d}\overline{E}$,而裂纹扩展需要消耗的能量为
$$R\mathrm{d}a = G\mathrm{d}a \tag{3-156}$$

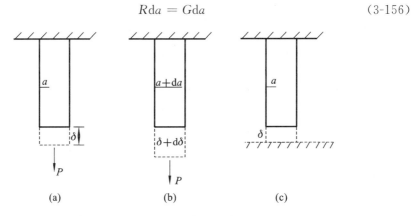

(a)　　　　　　(b)　　　　　　(c)

图 3-23　恒应力和恒位移条件

在绝热条件下,这一切都要由外功的增加来提供,即按热力学第一定律有
$$\mathrm{d}W = \mathrm{d}\overline{E} + G_{\mathrm{I}} \cdot \mathrm{d}a$$
$$G_{\mathrm{I}} = -\frac{\mathrm{d}(\overline{E}-W)}{\mathrm{d}a} \tag{3-157}$$

和 $G_{\mathrm{I}} = \dfrac{\mathrm{d}U}{\mathrm{d}a}$ 比较,可知系统势能 U 为
$$U = \overline{E} - W \tag{3-158}$$

这就是 U、$\overline{E}$、W 之间的关系。

关于 $\overline{E}$ 的计算,由弹性力学知:

弹性应变能密度(单位体积应变能)为

$$\omega = \int_0^\varepsilon \sigma \mathrm{d}\varepsilon \tag{3-159}$$

对于图示的单向拉伸情况,将 $\sigma = \varepsilon E$ 代入得

$$\omega = \int_0^\varepsilon E\varepsilon \, \mathrm{d}\varepsilon = \frac{E}{2}\varepsilon^2 = \frac{\sigma\varepsilon}{2} = \frac{1}{2}\frac{P}{A} \cdot \frac{\delta}{L} = \frac{P\delta}{2V} \tag{3-160}$$

式中:V 是试样体积。对于整个试件的应变能 $\overline{E}$,有

$$\overline{E} = V \cdot \omega = \frac{P\delta}{2V} \cdot V = \frac{1}{2}P\delta \tag{3-161}$$

对于一般情况:

$$\overline{E} = \iiint\limits_V \omega \mathrm{d}V = \int_0^1 \mathrm{d}z \iint\limits_A \omega \mathrm{d}x\mathrm{d}y = \iint\limits_A \omega \mathrm{d}x\mathrm{d}y \tag{3-162}$$

对于图示单向拉伸,有

$$\omega = \int_0^\delta \frac{P}{A} \cdot \frac{\mathrm{d}\delta}{L} = \frac{1}{V}\int_0^\delta P\mathrm{d}\delta \tag{3-163}$$

显然,积分 $\int_0^\delta P\mathrm{d}\delta$ 和体内坐标无关,故

$$\overline{E} = \iiint\limits_V \omega \mathrm{d}V = \left(\frac{1}{V}\int_0^\delta P\mathrm{d}\delta\right)\iiint\limits_V \mathrm{d}V = \int_0^\delta P\mathrm{d}\delta \tag{3-164}$$

已知在弹性范围内,P 和位移 δ 成比例,即

$$\delta = C \cdot P \tag{3-165}$$

其中,比例系数 C 称为试件的柔度,显然 $C = C(a)$ 和裂纹长度有关。当试件中裂纹长度愈长时,在同样的 P 作用下,位移愈大,即 C 愈大,试件愈易变形,即试件愈 "柔软"。将 $P = \dfrac{\delta}{C}$ 代入 $\overline{E}$ 的表达式中,得

$$\overline{E} = \int_0^\delta P\mathrm{d}\delta = \int_0^\delta \frac{\delta}{C}\mathrm{d}\delta = \frac{\delta^2}{2C} = \frac{P\delta}{2} = \frac{P^2}{2}C \tag{3-166}$$

这和上面得到的结果一样。

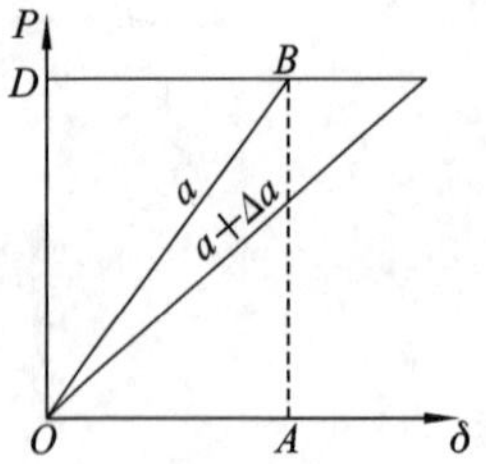

对于恒力情况:如图 3-23(b)所示,如外力 P 恒定,则外功为 $W = \delta \cdot P$,又由上述可知 $\overline{E} = \dfrac{1}{2}P\delta$,故 $W = 2\overline{E}$。

由图 3-24 可知:$W = \delta \cdot P$ 是矩形 $OABD$ 面积,$\overline{E}$ 是 $\triangle OAB$ 面积,$W - \overline{E}$ 是 $\triangle OBD$ 面积,等于 $\int_0^P \delta\mathrm{d}P$,故

图 3-24　柔度曲线

$$U = \overline{E} - W = -\int_0^P \delta \mathrm{d}P \tag{3-167}$$

现在 $W = 2\overline{E}, U = -\overline{E}$，故在恒力下，

$$G_{\mathrm{I}} = -\frac{\partial U}{\partial a} = \left(\frac{\partial E}{\partial a}\right)_P \tag{3-168}$$

若先加外力使试样产生位移 δ（图 3-23(a)），然后将两端用夹板固定，拆除外力就成了恒位移情况（图 3-23 (c)），这时由于两端边界上没有外力作用，故：

外功 $$W = 0$$
$$U = \overline{E} - W = \overline{E}$$

因而： $$G_{\mathrm{I}} = -\frac{\partial U}{\partial a} = -\left(\frac{\partial \overline{E}}{\partial a}\right)_\delta \tag{3-169}$$

由此可以看出，不能不加以分析地把 G_{I} 一概称为应变能释放率，由式 (3-169)可知，只有在恒位移条件下，G_{I} 才等于应变能释放率，因为这时外功为 0，只能靠原来储存的应变能的释放来提供裂纹扩展所需能量。根据 $G\mathrm{d}a = -\mathrm{d}\overline{E}$，当裂纹扩展所需能量小于或等于系统释放出的应变能 $-\mathrm{d}\overline{E}$（即 $G\mathrm{d}a \leqslant -\mathrm{d}\overline{E}$）时，裂纹才能扩展。

若不是恒位移，而是在恒力作用下，则随着裂纹扩展，储存的应变能就不是释放而是增加。这时外力做功的增量 $\mathrm{d}W = P\mathrm{d}\delta$，一部分用来使应变能增加 $\mathrm{d}\overline{E}$，另一部分用来使裂纹扩展（$G_{\mathrm{I}}\mathrm{d}a$）。

但是在上面两种情况下（恒力、恒位移），G_{I} 值是相等的。

将 $\overline{E} = \frac{P^2}{2C}$ 和 $\overline{E} = \frac{\delta^2}{2C}$ 分别代入恒力和恒位移时 G_{I} 表达式即得

恒力： $$G_{\mathrm{I}} = \left(\frac{\partial E}{\partial a}\right)_P = \frac{P^2}{2}\frac{\partial C}{\partial a} \tag{3-170}$$

恒位移： $$G_{\mathrm{I}} = -\left(\frac{\partial \overline{E}}{\partial a}\right)_\delta = -\frac{\partial}{\partial a}\left(\frac{\delta^2}{2}\cdot\frac{1}{C}\right) = -\frac{\delta^2}{2}\cdot\frac{-1}{C^2}\frac{\partial C}{\partial a} = \frac{P^2}{2}\cdot\frac{\partial C}{\partial a} \tag{3-171}$$

3.6.2 G 和 K 的关系

可以通过建立应力分析和能量分析之间的关系来找 G_{I} 和 K_{I} 的关系。

若想使一段裂纹闭合，则可在 a 段上逐渐加分布应力，使分布应力由 0 增大至 σ_y，使得裂纹闭合。这个 σ_y 应与由裂纹尖端应力场公式求得的应力分量 σ_y 相等，如以 O 为原点，当 $\theta = 0, r = x$ 时，

$$\sigma_y = \frac{K_{\mathrm{I}}}{\sqrt{2\pi x}} \tag{3-172}$$

另外，在平面应变条件下，在裂纹闭合过程中所产生的位移也可由裂纹尖端应

力应变场中的位移公式求出,如以 O' 为原点,当 $\theta = \pi$ $\left(\text{此时 } \sin\dfrac{\theta}{2} = 1, \cos\dfrac{\theta}{2} = 0\right)$,$r = a - x$ 时,

$$v(x) = \frac{1+v}{E}K_{\mathrm{I}} \cdot \sqrt{\frac{2r}{\pi}}2(1-v) = \frac{4(1-v^2)}{E}K_{\mathrm{I}}\left(\frac{a-x}{2\pi}\right)^{1/2} \tag{3-173}$$

若试件为单位厚度,则和裂纹面 $\mathrm{d}x$ 对应的面积应为 $1 \cdot \mathrm{d}x$,作用在面元上的力为

$$P = \sigma_y \cdot 1 \cdot \mathrm{d}x$$

由图 3-25 可知,裂纹闭合时,作用力方向(y 方向)产生的位移为 $\delta = 2v$,据应变能公式可知闭合长度为 $\mathrm{d}x$ 时的应变能为

$$\overline{E} = \frac{1}{2}P\delta = \frac{1}{2}\sigma_y\mathrm{d}x \cdot 2v = \sigma_y v\mathrm{d}x \tag{3-174}$$

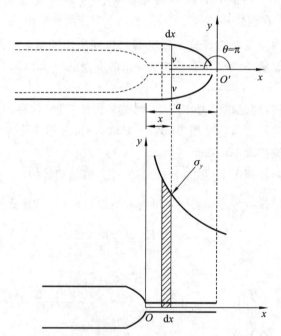

图 3-25　裂纹闭合示意图

当闭合长度为 a 的裂纹时,系统应变能变化为

$$\Delta\overline{E} = \int_0^a \sigma_y v\mathrm{d}x \tag{3-175}$$

而当闭合单位长度裂纹时,系统应变能的变化为

$$\frac{\partial\overline{E}}{\partial a} = \frac{1}{a}\int_0^a \sigma_y \cdot v \cdot \mathrm{d}x \tag{3-176}$$

反之亦然,当裂纹扩展时,裂纹扩展单位长度系统应变能的变化率的数值和闭

合时的一样。而在恒位移的情况下，我们已定义裂纹扩展单位长度所消耗的能量为

$$G_{\mathrm{I}} = \frac{\partial \overline{E}}{\partial a} \tag{3-177}$$

把上面的 σ_y、v 代入 G_{I} 的表达式，并令 $x = a\cos^2 t$ ，则有

$$
\begin{aligned}
G_{\mathrm{I}} &= \frac{\partial \overline{E}}{\partial a} = \frac{1}{a} \int_0^a \sigma_y \cdot v \cdot \mathrm{d}x \\
&= \frac{1}{a} \int_0^a \frac{K_{\mathrm{I}}}{\sqrt{2\pi x}} \cdot \frac{4(1-v^2)}{E} K_{\mathrm{I}} \cdot \left(\frac{a-x}{2\pi}\right)^{\frac{1}{2}} \mathrm{d}x \\
&= \frac{1-v^2}{E} K_{\mathrm{I}}^2 \frac{2}{a\pi} \int_0^a \sqrt{\frac{a-x}{x}} \mathrm{d}x = \frac{1-v^2}{E} K_{\mathrm{I}}^2 \frac{2}{a\pi} \frac{\pi a}{2}
\end{aligned} \tag{3-178}
$$

即

$$G_{\mathrm{I}} = \frac{1-v^2}{E} K_{\mathrm{I}}^2$$

对于平面应力情况，$\theta = \pi, r = a - x$ ，

$$v = \frac{4}{E} K_{\mathrm{I}} \left(\frac{a-x}{2\pi}\right)^{\frac{1}{2}} \tag{3-179}$$

则

$$G_{\mathrm{I}} = \frac{1}{a} \int_0^a \frac{K_{\mathrm{I}}}{\sqrt{2\pi x}} \cdot \frac{4}{E} K_{\mathrm{I}} \left(\frac{a-x}{2\pi}\right)^{\frac{1}{2}} \mathrm{d}x = \frac{1}{E} K_{\mathrm{I}}^2 \tag{3-180}$$

总之：

$$G_{\mathrm{I}} = \frac{K_{\mathrm{I}}^2}{E'}, \quad E' = \begin{cases} \dfrac{E}{1-v^2} & （平面应变） \\[2mm] E & （平面应力） \end{cases} \tag{3-181}$$

对 II 型裂纹，在 τ_{xy} 作用下，裂纹沿 x 方向滑开位移为 $2u$ ，应变能释放率为

$$G_{\mathrm{II}} = \frac{1}{a} \int_0^a \tau_{xy} u \, \mathrm{d}x \tag{3-182}$$

又因：

$$\tau_{xy} = \frac{K_{\mathrm{II}}}{\sqrt{2\pi x}} \ (\theta = 0, r = x)$$

$$u = \frac{4(1-v^2)}{E} K_{\mathrm{II}} \left(\frac{a-x}{2\pi}\right)^{\frac{1}{2}} (\theta = \pi, r = a - x)$$

$$G_{\mathrm{II}} = \frac{1-v^2}{E} K_{\mathrm{II}}^2 \frac{2}{a\pi} \int_0^a \sqrt{\frac{a-x}{x}} \mathrm{d}x = \frac{1-v^2}{E} K_{\mathrm{II}}^2$$

同样有：

$$G_{\mathrm{II}} = \frac{K_{\mathrm{II}}^2}{E'}, \quad E' = \begin{cases} E & （平面应力） \\[2mm] E/(1-v^2) & （平面应变） \end{cases} \tag{3-183}$$

对 III 型裂纹，在 τ_{yz} 作用下，裂纹沿 z 方向撕开的位移为 $2w$ ，故应变能释放率为

$$G_{\text{III}} = \frac{1}{a} \int_0^a \tau_{yz} w \, \mathrm{d}x \tag{3-184}$$

由于　　　　　　　$$\tau_{yz} = \frac{K_{\text{III}}}{\sqrt{2\pi x}} \quad (\theta = 0, r = x)$$

$$w = \frac{4(1+\upsilon)}{E} \cdot K_{\text{III}} \cdot \sqrt{\frac{a-x}{2\pi}} \quad (\theta = \pi, r = a - x)$$

$$G_{\text{III}} = \frac{1+\upsilon}{E} K_{\text{III}}^2 \frac{2}{a\pi} \int_0^a \sqrt{\frac{a-x}{x}} \, \mathrm{d}x = \frac{1+\upsilon}{E} K_{\text{III}}^2 \tag{3-185}$$

思 考 题

1. 简述应力强度因子 K_{I} 的叠加原理。

2. 应力强度因子 K_{I} 的计算方法有哪些?

3. 什么是塑性区?什么情况下线弹性断裂力学理论不再适用?

4. 简述裂纹表面能。

5. 试述裂纹尖端塑性区产生的原因及其影响因素。

6. 什么是有效裂纹长度?

7. 裂纹按几何特点分哪几类?按力学特点分哪几类?

8. 证明当探伤给出的裂纹当量直径 $D = 2A$(深埋裂纹,当量面积为 πA^2)时,在裂纹面积相等的情况下,把裂纹简化为椭圆裂纹(短轴长轴比 $a/c = 1/2$)比简化为圆形裂纹安全。

参 考 文 献

[1]　杨卫. 宏微观断裂力学[M].北京:国防工业出版社,1995.

[2]　程勒,赵树山. 断裂力学[M].北京:科学出版社,2006.

[3]　张行. 断裂与损伤力学[M]. 2 版.北京:北京航空航天大学出版社,2009.

[4]　杨新华,陈传尧.疲劳与断裂[M]. 2 版.武汉:华中科技大学出版社,2018.

[5]　LAWN B. 脆性固体断裂力学[M]. 2 版.龚江宏,译.北京:高等教育出版社,2010.

[6]　温茂萍. 高聚物粘结炸药平面应变断裂韧度实验研究[D]. 成都:四川大学,2002.

[7]　王光宇. 铝合金薄壁件铣削变形仿真及疲劳寿命预测[D]. 长沙:中南大学,2011.

[8]　彭静美. 温度场作用下断裂过程区有限元分析研究[D].石家庄:石家庄

铁道大学,2006.

　　[9]　魏显峰. 少筋混凝土结构断裂有限元分析[D]. 石家庄:石家庄铁道大学,2006.

　　[10]　李红心,邓钦,郑炎. 弹塑性条件下应力强度因子 K_{I} 的研究[J]. 水利与建筑工程学报,2006,4(1):75-77.

　　[11]　谭潇. 温变荷载下混凝土桥塔既有裂缝扩展机理研究[D]. 西安:西安科技大学,2018.

　　[12]　石峻峰. 多场耦合下混凝土结构损伤断裂研究[D]. 沈阳:东北大学,2013.

　　[13]　刘宁,张春生. 裂纹尖端屈服条件下的围岩劈裂破坏判据研究[J]. 水电能源科学,2011,29(11):138-141,216.

　　[14]　张立军,赵升吨. 精密下料的一种解析[J]. 锻造与冲压,2006(z1):30-34.

第 4 章 CTOD 原理及其判据

对于中低强度的弹塑性材料,当结构中出现裂纹或裂纹扩展之前,裂纹尖端已存在大范围的塑性区域。屈服区的存在改变了裂纹尖端区域应力场的性质,当裂纹尖端的塑性区和裂纹尺寸在同一数量级即属于大范围的塑性变形时,线弹性断裂力学的理论不再适用,而需用弹塑性断裂力学的理论来进行研究。

弹塑性断裂力学研究韧性材料在发生大范围屈服时裂纹尖端应力、应变场强度等参量与裂纹几何、作用载荷之间的内在关系,建立控制裂纹扩展的力学判据。国内外学者已在这方面做了大量研究工作,取得许多重要的研究成果。裂纹尖端张开位移(crack tip opening displacement,CTOD)作为常用的弹塑性断裂力学参量之一,已在工程实际中获得广泛应用。由于弹塑性断裂问题的复杂性,裂纹尖端张开位移尚缺乏严密的理论基础,在一定简化模型基础上,只有极少数问题能获得精确的解析解。本章将对裂纹尖端张开位移原理及其理论基础进行介绍。

4.1 CTOD 基本概念

20 世纪 60 年代,Wells 在大量实验基础上,根据裂纹尖端附近产生大范围屈服时,裂纹尖端出现钝化,随着载荷的增加,裂纹张开越来越大,提出可用裂纹尖端张开位移作为描述裂纹尖端大范围屈服时的弹塑性断裂参量。

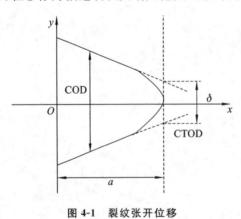

图 4-1 裂纹张开位移

裂纹受载张开变形可以用裂纹张开位移(crack opening displacement,COD)描述,裂纹张开位移是裂纹受载张开后裂纹两侧的距离,是沿裂纹线的坐标 x 的函数,如图 4-1 所示。裂纹尖端张开位移 CTOD,则是指裂纹体受载后,在裂纹的尖端($x = a$)处沿垂直于裂纹的方向所产生的位移,一般用 δ 表示。在裂纹开裂的临界状态下,临界的 CTOD 用 δ_c 表示。

δ_c 表征了材料的断裂韧度,是可通过实验测定的材料常数。

CTOD 原理的基本思想是:把裂纹体受力后裂纹尖端张开位移 δ 作为一个参量,而把裂纹开裂时的临界张开位移 δ_c 作为材料的断裂韧性指标,用 $\delta = \delta_c$ 这个判据来确定材料在发生大范围屈服开裂时构件工作应力和裂纹尺寸之间的关系。

　　裂纹侧面随着外载荷的增加逐渐张开,断裂开始之前,由于是大范围屈服,裂纹尖端发生钝化现象,呈圆滑状。对于裂纹尖端张开位移,实践中在多数情况下都有比较高满意度的定义是:由裂纹自由边的切线外推到裂纹顶端($x = a$)处得出的值,见图 4-1。更准确的定义应是:实测裂纹自由边曲线扣除弹性变形部分之后的直线部分的切线外推到裂纹顶端所得到的张开位移。

4.2　小范围屈服条件下的 CTOD

　　以平面应力情形为例,前面 3.5 节介绍了 I 型裂纹在小范围屈服情况下对塑性区进行修正的方法,假想裂纹尺寸由 a 增大到 $a+r_y$,裂纹尖端由 O 移到 O',如图 3-21 和图 4-2 所示,原来的裂纹尖端 O 就要张开。

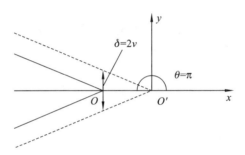

图 4-2　裂纹尖端塑性区修正

　　根据线弹性力学给出的裂纹尖端附近的位移解,在平面应力条件下,裂纹尖端附近一点沿 y 方向的位移为

$$v = \frac{K_{\mathrm{I}}}{\mu(1+\upsilon)}\sqrt{\frac{r}{2\pi}}\sin\frac{\theta}{2}\left[2-(1+\upsilon)\cos^2\frac{\theta}{2}\right] \tag{4-1}$$

式中:υ 为泊松比;K_{I} 为应力强度因子;μ 为剪切弹性模量。

$$\mu = \frac{E}{2(1+\upsilon)}$$

坐标原点为 O',点 O 与 O' 的距离为 r_y,点 O 的坐标为

$$\theta = \pi$$

$$r = r_y = \frac{1}{2\pi}\left(\frac{K_{\mathrm{I}}}{\sigma_{\mathrm{ys}}}\right)^2 \tag{4-2}$$

将式(4-2)代入式(4-1)可得张开位移为

$$\delta = 2v = 2\cdot\frac{4K_{\mathrm{I}}}{E}\sqrt{\frac{1}{2\pi}\cdot\frac{1}{2\pi}\left(\frac{K_{\mathrm{I}}}{\sigma_{\mathrm{ys}}}\right)^2} = \frac{4}{\pi}\cdot\frac{K_{\mathrm{I}}^2}{E\sigma_{\mathrm{ys}}} \tag{4-3}$$

　　在临界条件下,

$$\delta_{\mathrm{c}} = \frac{4}{\pi} \cdot \frac{K_{\mathrm{I C}}^{2}}{E\sigma_{\mathrm{ys}}} \tag{4-4}$$

该式说明在小范围屈服条件下，δ 与 K_{I} 具有等价性，CTOD 可作为断裂判据，且材料参数 δ_{c} 与 $K_{\mathrm{I C}}$ 可互相换算。

4.3　Dugdale 模型

Dugdale 模型是为确定裂纹尖端大范围屈服条件下 CTOD 和构件工作应力及裂纹尺寸之间的关系而建立的模型。

通过对带有穿透裂纹的软钢薄板进行拉伸试验，道格达尔（Dugdale）发现裂纹尖端的塑性区集中在与板成 45° 的横向滑移带上，具有扁平带状特征，提出了 Dugdale 模型，以解决具有穿透裂纹的无限宽板的弹塑性断裂问题。

Dugdale 模型假定：

（1）具有穿透裂纹的无限宽薄板受单向拉伸应力的作用；

（2）裂纹尖端的塑性区呈扁平带状；

（3）塑性区上作用着均匀分布的应力 σ_{ys}，略去材料硬化对应力的影响；

（4）在塑性区的端点应力是有限值，即在端点的应力强度因子为零。

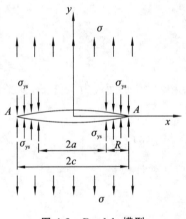

图 4-3　Dugdale 模型

在 Dugdale 模型中，设想一条比实际裂纹 $2a$ 长的有效裂纹 $2c$（$2c = 2a + 2R$），R 为塑性区尺寸，在实际裂纹前方的 R 处作用着屈服应力 σ_{ys}，以使裂纹闭合。（长度为 R 的这部分实际上没有裂开，材料仍可承受屈服应力。）在 $2c$ 之外，材料仍处于弹性状态，如图 4-3 所示。在 Dugdale 模型中，设塑性区长度大于薄板的厚度，将全部塑性变形模拟为位于裂纹尖端前沿的窄条屈服带。从数学上讲，这个思想与在裂纹尖端附近的裂纹表面上施加内应力而实际裂纹长度仍保持为无应力作用时的长度的想法是相同的。因此，将平面应力条件下的弹塑性断裂问题转化为求解在远方应力场 σ 和带状区内应力 σ_{ys} 作用下，具有 $2c$ 长度裂纹的线弹性断裂力学问题，这是一个"弹性化"的过程。

Dugdale 模型将 CTOD 定义为裂纹弹、塑性区交界处的裂纹面的张开位移。应用 Muskhelishvili 的复变函数理论，可得到平面应力情况下 CTOD 的封闭形式解。

结构在外力作用下的 CTOD 的求解对弹塑性断裂力学理论研究及工程应用都具有重要的意义。

4.4　CTOD 计算公式

Dugdale 模型假定受拉伸薄板的屈服沿裂纹线分布,在实际裂纹前方的有效裂纹区(尺寸为 R)上,作用着屈服应力 σ_{ys},并指出实际裂纹尖端不存在应力奇异性,即裂纹尖端的应力强度因子 K_{IA} 为零。也就是说,外加应力场 σ 引起的应力强度因子 K_I,应该与作用在裂纹面上的应力 σ_{ys} 引起的应力强度因子 K_{IR} 相抵消:

$$K_{I\sigma} = -K_{IR}$$

由此条件可决定塑性区尺寸并推出在裂纹表面 $(a,0)$ 处沿垂直于裂纹方向所产生的张开位移。

由上述的 Dugdale 模型,运用叠加原理,将平面应力条件下的弹塑性裂纹问题分别转化为在应力 σ 和带状区内应力 σ_{ys} 作用的条件下,具有 $2a+2R=2c$ 长度的裂纹的线弹性断裂力学问题来求解,如图 4-4 所示。裂纹尖端张开位移可表示为

$$\delta = \delta_I + \delta_{II}$$

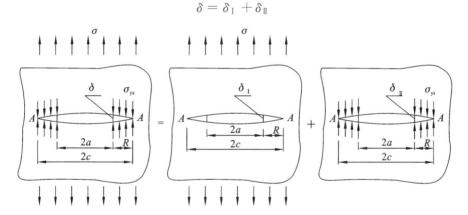

图 4-4　Dugdale 模型裂纹尖端张开位移

基于裂纹尖端张开位移的临界值的起裂准则为

$$\delta = \delta_c$$

δ_c 由实验确定。

4.4.1　裂纹尖端塑性区长度

同样,运用叠加法,求解图 4-3 所示问题时,可以进行图 4-5 所示的分解,即用远处有拉伸应力 σ 作用的无裂纹的解,叠加远处无应力作用,但在裂纹表面 $|x| < a$ 处有分布力 $p(x) = \sigma$、在 $a < |x| < a+R$ 处有 $p(x) = \sigma - \sigma_{ys}$ 作用的解。

对于前者,应力函数 $\Phi'(z) = \sigma/4$,对后者,由 Hilbert 问题解可得

$$\Phi'(z) = -\frac{(z^2-c^2)^{-\frac{1}{2}}}{2\pi}\int_{-c}^{c}\frac{(c^2-x^2)^{\frac{1}{2}}p(x)}{x-z}\mathrm{d}x$$

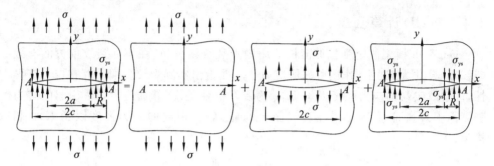

图 4-5 Dugdale 模型的求解

原问题函数 $\Phi'(z)$ 的最终表达式为

$$\Phi'(z) = \frac{\sigma}{4} - \frac{(z^2 - c^2)^{-\frac{1}{2}}}{2\pi} \int_{-c}^{c} \frac{(c^2 - x^2)^{\frac{1}{2}} p(x)}{x - z} \mathrm{d}x \tag{4-5}$$

其中,$c = a + R$。

裂纹尖端应力强度因子为

$$K_{IA} = \lim_{z \to c} \left\{ 2\sqrt{2\pi(z - c)} \Phi'(z) \right\} \tag{4-6}$$

将式(4-5)代入式(4-6)得

$$K_{IA} = \frac{1}{\sqrt{\pi a}} \int_{-c}^{c} \left(\frac{c + x}{c - i} \right)^{\frac{1}{2}} p(x) \mathrm{d}x \tag{4-7}$$

对上式积分可得

$$K_{IA} = \sigma \alpha + (\sigma - \sigma_{ys}) \left(\frac{\pi}{2} - \alpha \right) \tag{4-8}$$

式中:$\alpha = \arcsin \dfrac{a}{c} = \arcsin \dfrac{a}{a + R}$

由于 $K_{IA} = 0$,即

$$\sigma \alpha + (\sigma - \sigma_{ys}) \left(\frac{\pi}{2} - \alpha \right) = 0 \tag{4-9}$$

可以得到裂纹尖端塑性区长度为

$$R = a \left[\sec \left(\frac{\pi \sigma}{2\sigma_{ys}} \right) - 1 \right] \tag{4-10}$$

同时由式(4-9)可得

$$\frac{\sigma}{\sigma_{ys}} = \frac{2\arccos \dfrac{a}{c}}{\pi} \tag{4-11}$$

4.4.2 裂纹尖端张开位移

根据卡氏定理,力作用点沿力作用方向的位移等于弹性体的应变能对该力的偏导数,即

$$\delta_i = \frac{\partial U}{\partial P_i}$$

其中:U 为弹性体的应变能;P_i 为作用力;δ_i 即为力 P_i 的作用点沿力矢方向的位移。

如在物体上还作用有另一个与力 P_i 等值、共线、反向的平衡力,则上式所给出的 δ_i 为该对平衡力作用点间的相对位移。

在点 D_1 及点 D_2 各加一对虚广义力 P,如图 4-6 所示,则对应于 P 的相对位移为 $\delta = \frac{\partial U}{\partial P}$。若再令 $P \to 0$,即可得这两点的实际相对位移为

$$\delta = \lim_{F \to 0} \frac{\partial U}{\partial P} \tag{4-12}$$

应变能是外载荷 F 和虚广义力 P 的函数,可以写成

$$U = U_0(F,P) + \int_0^A \left(\frac{\partial U}{\partial A}\right) \mathrm{d}A \tag{4-13}$$

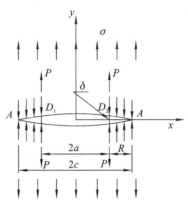

图 4-6 裂纹尖端张开位移

式中:$U_0(F,P)$ 代表构件中无裂纹时由外载荷 F 和虚广义力 P 引起的应变能,等号右端第二项代表由于裂纹存在而导致的应变能增量;A 代表裂纹面面积。裂纹扩展力 G 与 U 之间存在如下关系:

$$G = \left(\frac{\partial U}{\partial A}\right)_{F,P} \tag{4-14}$$

而对于 Ⅰ 型的中心裂纹,在平面应力情况下有

$$G = \frac{K_1^2}{E} \tag{4-15}$$

式中:$K_{\mathrm{I}} = K_{\mathrm{IP}} + K_{\mathrm{IF}}$。其中,$K_{\mathrm{IF}}$ 和 K_{IP} 分别是在作用力 F 和虚平衡力 P 作用下的应力强度因子。

由式(4-12)、式(4-13)、式(4-14)及式(4-15)可得

$$
\begin{aligned}
\delta &= \lim_{P \to 0} \left\{ \left[\frac{\partial U_0(F,P)}{\partial P} \right] + \frac{\partial}{\partial P} \int_0^A \frac{K_{\mathrm{I}}^2}{E} \mathrm{d}A \right\} \\
&= \lim_{P \to 0} \left\{ \left[\frac{\partial U_0(F,P)}{\partial P} \right] + \frac{2}{E} \int_0^A (K_{\mathrm{IP}} + K_{\mathrm{IF}}) \frac{\partial K_{\mathrm{IP}}}{\partial P} \mathrm{d}A \right\}
\end{aligned} \tag{4-16}
$$

在构件中无裂纹时,点 D_1、D_2 无相对位移,所以

$$\lim_{P \to 0} \frac{\partial U_0(F,P)}{\partial P} = 0$$

这样,式(4-16)可简化为

$$\delta = \lim_{P \to 0} \frac{2}{E} \int_0^A (K_{IF} + K_{IP}) \frac{\partial K_{IP}}{\partial P} dA \qquad (4\text{-}17)$$

式(4-17)中的 δ 就是待求的裂纹尖端张开位移。

在用上式计算裂纹上某点$(D_1 \, , D_2)$的张开位移时,作用力 F 与点 $D_1 \, , D_2$ 的位置是保持不变的,变量就只是裂纹面面积,即裂纹长度。式(4-17)中 A 为积分变量,$A = 2B\xi$(ξ 为裂纹长度),为了避免与真实裂纹长度 $2a$ 混淆,此处以 ξ 代表变动的裂纹长度。

在图 4-6 所示的情况下,由虚广义力 P 产生的应力强度因子为

$$K_{IP} = \frac{2P}{\pi} \frac{\sqrt{\pi\xi}}{\sqrt{\xi^2 - a^2}} \qquad (4\text{-}18)$$

由 σ_{ys} 产生的应力强度因子为

$$(K_I)_{\sigma_{ys}} = -\frac{2}{\pi} \sigma_{ys} \sqrt{\pi\xi} \arccos \frac{a}{\xi} \ (a \leqslant \xi \leqslant c) \qquad (4\text{-}19)$$

外载荷 σ 产生的应力强度因子为

$$K_{I\sigma} = \sigma \sqrt{\pi\xi} \qquad (4\text{-}20)$$

由式(4-18)可得

$$\frac{\partial K_{IP}}{\partial P} = \frac{2}{\pi} \frac{\sqrt{\pi\xi}}{\sqrt{\xi^2 - a^2}} \qquad (4\text{-}21)$$

将上述各式代入式(4-17),得到

$$\delta = \lim_{P \to 0} \frac{2}{E} \int_a^c \left[\sigma \sqrt{\pi\xi} - \frac{2}{\pi} \sigma_{ys} \sqrt{\pi\xi} \arccos \frac{a}{\xi} + \frac{2P}{\pi} \frac{\sqrt{\pi\xi}}{\sqrt{\xi^2 - a^2}} \right] \left[\frac{2}{\pi} \frac{\sqrt{\pi\xi}}{\sqrt{\xi^2 - a^2}} \right] d\xi$$

$$= \frac{2}{E} \int_a^c \left[\sigma \sqrt{\pi\xi} - \frac{2}{\pi} \sigma_{ys} \sqrt{\pi\xi} \arccos \frac{a}{\xi} \right] \left[\frac{2}{\pi} \frac{\sqrt{\pi\xi}}{\sqrt{\xi^2 - a^2}} \right] d\xi$$

$$= \frac{4}{E} \int_a^c \frac{\sigma\xi}{\sqrt{\xi^2 - a^2}} d\xi - \frac{8}{\pi E} \int_a^c \sigma_{ys} \frac{\xi}{\sqrt{\xi^2 - a^2}} \arccos \frac{a}{\xi} d\xi$$

$$= \frac{4\sigma}{E} \sqrt{c^2 - a^2} - \frac{8\sigma_{ys}}{\pi E} \int_a^c \frac{\xi}{\sqrt{\xi^2 - a^2}} \arccos \frac{a}{R} d\xi$$

采用分部积分法,可得

$$\delta = \frac{4\sigma}{E} \sqrt{c^2 - a^2} - \frac{8\sigma_{ys}}{\pi E} \left(\sqrt{c^2 - a^2} \arccos \frac{a}{c} - a \ln \frac{c}{a} \right) \qquad (4\text{-}22)$$

由于在 Dugdale 模型中存在

$$\frac{a}{c} = \cos \frac{\pi\sigma}{2\sigma_{ys}}$$

因此式(4-22)最终可简化为

$$\delta = \frac{8\sigma_{ys} a}{\pi E} \ln \sec \frac{\pi\sigma}{2\sigma_{ys}} \qquad (4\text{-}23)$$

式(4-23)为具有中心穿透裂纹的无限大板在远方受均匀拉应力 σ 作用时裂纹尖端张开位移的计算公式。该式建立了裂纹尖端张开位移 δ 和外加工作应力 σ、材料屈服极限 σ_{ys} 及裂纹长度 a 之间的定量关系,是 CTOD 方法的基本关系式。

Dugdale 模型假定裂纹体处于平面应力状态,即材料在应力 σ_{ys} 下屈服。实际上大多数构件由于塑性约束会在较高应力下屈服,这意味着在一个构件中裂纹的真实 CTOD 将小于所预测的 CTOD,而且要达到临界 δ_c 将需要较高的应力,所计算的 CTOD 是保守的,即应用该方法将得出比实际情况小的最大允许应变和裂纹尺寸。

思　考　题

1. CTOD 是如何定义的?
2. Dugdale 模型是如何求解裂纹尖端张开位移的?
3. 小范围屈服条件下 CTOD 与应力强度因子有何关系?

参 考 文 献

[1]　尹双增. 断裂损伤理论及其应用[M].北京:清华大学出版社,1992.
[2]　杨新华,陈传尧. 疲劳与断裂[M].2 版.武汉:华中科技大学出版社,2018.
[3]　郦正能,张纪奎. 工程断裂力学[M].北京:北京航空航天大学出版社,2012.
[4]　王自强,陈少华. 高等断裂力学[M].北京:科学出版社,2008.

第5章 材料断裂韧度测试原理和方法

材料在低应力下发生脆断的现象,在日常生活中是经常碰到的。人们在对船舶的脆断、无缝输气钢管的脆断裂缝、铁桥的脆断倒塌、飞机因脆断而失事、电站设备因脆断而发生重大事故的分析中,发现了一些它们的共同特点:通常发生脆断时的宏观应力很小,按强度设计结构或材料是安全的;脆断从应力集中处开始,裂纹源通常在结构或材料的缺陷处,如缺口、裂纹、夹杂等。这一事实说明,当材料中存在裂纹时,其强度将被严重削弱。

5.1 断裂韧度

在经典力学中材料的脆性和塑性是借助普通光滑试样拉伸试验所得的延伸率 $\delta(\%)$ 和断面收缩率 $\psi(\%)$ 来描述的。材料的韧度用冲击功、切口敏感度等参数来衡量。由于材料的韧度与温度有密切关系,因而可进行温度系列的温度数据的变异系数冲击试验,从而获得韧-脆转换温度来保证构件的安全。在设计上,经典的强度理论是根据材料的屈服强度 σ_s 或强度极限 σ_b 取一定的安全系数(一般取 1.5 ~2.0)定出设计许用应力,以保证安全。

然而实践证明,即使满足了上述的选材条件和设计思想,所谓的"低应力脆性破断"事故还是不断发生。如第二次世界大战期间,美国五千艘自由号轮船在使用中发生了 1000 多次断裂事故,事故分析结果表明,破坏处的应力往往不到 $\sigma_s/2$,属低应力脆断。因而这种脆断现象用经典力学理论和设计思想无法解释。

统观这些事故,它们有两个共同点,其一是脆断应力远小于屈服应力,甚至小于设计应力,其二是断裂均起源于微小裂纹。真实的材料构件由于冶金及加工因素(如淬火、焊接、电镀等)以及不同的使用条件(疲劳载荷、腐蚀介质、氢的渗入、中子辐射等)均会出现类裂纹缺陷,它们的存在破坏了经典力学中材料是均匀连续的基本假设,正是裂纹的存在和扩展导致了材料的低应力脆断。经典力学理论忽略了这一事实,因而无法解释、预测和防止脆断事故的发生。断裂力学则从材料中不可避免地存在类裂纹缺陷这一前提出发研究材料构件的强度及断裂,所以广义地说它是一种"裂纹理论"。它的主要任务是研究裂纹的启裂、扩展以至全面断裂,断裂是裂纹运动的结果。所以断裂力学是研究裂纹生成及其运动规律的一门科学。

由于此门学科的立足点是应用,因而它一问世就表现出了强大的生命力并迅猛发展。在理论上它建立了新的概念和参数;在实验上给出了一系列断裂韧度参量 K_{Ic}、J_{Ic}、δ、K_{Iscc}、da/dN、ΔK_{th}…的测试方法;在应用上对材质评定、热处理工艺和加工工艺的选择、断裂强度的校核、裂纹容限（即探伤标准）的制定、防断设计、寿命估算、事故分析、制定安全措施等方面比经典力学方法给出了更为严密可靠的依据。

　　带有类裂纹缺陷的金属材料或构件在断裂过程中都呈现出一定的抗裂纹开裂和扩展的能力，这种物理特性称为断裂韧度。描述这种物理特性的参数就称为断裂韧度参数。研究断裂韧度，可以从能量平衡的角度和分析裂纹尖端应力应变场的角度进行探讨。

5.1.1　断裂韧度的基本原理

　　为了弄清楚裂纹对材料强度的影响规律，有人曾用玻璃制成试件，在其上预制深浅不同的表面裂纹。通过拉伸试验，发现玻璃试件被拉断的名义应力（常称为临界应力，用符号 σ_0 表示）与裂纹深度的平方根成反比关系。这个试验结果说明了随着裂纹深度的增大，试件断裂的临界应力逐渐减小，也就是说裂纹是造成试件低应力脆断的主要原因。

　　在高强度钢和大断面的中、低强度钢构件中也有类似现象，即随着裂纹深度的增加，构件断裂的临界应力逐渐减小。

　　上面的结果是对表面裂纹而言的，对于贯穿整个厚度方向的穿透裂纹，临界应力就与裂纹长度的平方根成反比。这些试验结果可用数学表达式表示为

$$\sigma_0 \sqrt{a} = K \tag{5-1}$$

　　即构件断裂时的临界应力 σ_0 与裂纹深度（或长度）a 的平方根的乘积为一常数 K。需要指出，对于同一材料，常数 K 是不变的，它是材料本身固有的物理性能。从式(5-1)可知，裂纹尺寸 a 一定时，K 值越大，裂纹扩展的临界应力 σ_0 就越大。因此，常数 K 表示了材料阻止裂纹扩展的能力，可以看成材料抵抗脆性破坏能力的一个断裂韧度参量。

　　断裂韧度参量 K 比传统的韧度指标有较大的优越性。传统的韧度指标与强度指标是分开的，强度指标是在对试件均匀加载的条件下测得的。冲击韧度是在摆锤一次打断试件时测定的，它是参考性的指标。断裂韧度参量既是强度指标，又是韧度指标。有了这个参量，就可以按式(5-1)计算出构件含有裂纹尺寸 a 时的临界应力 σ_0，从而能够确定构件的安全承载能力；也可以在给定的载荷下，确定裂纹的允许尺寸 a_c，从而建立相应的质量标准。

5.1.2　裂纹扩展的能量理论

1. 格里菲斯(Griffith)能量理论

　　早在 20 世纪 20 年代 Griffith 就用能量平衡法研究了玻璃陶瓷的断裂现象。他研究了无限大板中长度为 $2a$ 的穿透裂纹在拉应力作用下的断裂现象（Ⅰ型裂纹）。其基本论点是：一旦裂纹出现无限大板中就会形成一个新的自由表面，这需

一定的表面能，它由材料释放的弹性应变能提供。这里就有一个能量的平衡问题，即裂纹增长所需的能量（表面能）和裂纹增长时材料释放出来的弹性应变能二者相平衡。如果裂纹周围材料释放的弹性应变能等于或超过裂纹扩展所需的能量，则无须另加载荷或储藏的弹性应变能，裂纹就会扩展。由这个观点，应用 Inglis 对穿透椭圆孔受拉的应力分布解，Griffith 推得，在临界状态条件下有

$$\sigma_c = \sqrt{\frac{2E'T}{\pi a}} \tag{5-2}$$

式中：$E' = \begin{cases} E（平面应力） \\ \dfrac{1}{1-v^2}（平面应变）\end{cases}$，$E$ 为弹性模量，v 为泊松比；T 为材料单位面积的表面能；a 为裂纹半长；σ_c 为临界应力。

式（5-2）就是著名的 Griffith 脆性断裂能量判据。它成功地建立了断裂强度与裂纹尺寸及表面能之间的关系（$\sigma_c \propto \dfrac{\sqrt{T}}{\sqrt{a}}$）。它表明当外力达到式（5-2）所表达的临界值 σ_c 时，裂纹系统就处于不稳定状态，只要 σ 再增加任意微小的数量，裂纹就将扩展并导致脆性断裂。Griffith 用此式解释了玻璃陶瓷等脆性材料的实际强度比理论强度低的原因。

2. 奥罗文（Orowan）对格里菲斯理论的修正

应指出 Griffith 理论仅适用于线弹性情况，并不能用它来解释金属的断裂现象，这是因为由式（5-2）可得

$$\sigma_c\sqrt{a} = \sqrt{\frac{2E'T}{\pi}} \tag{5-3}$$

显然，式（5-3）右端是一个有关材料的常数，当 $\sigma_c\sqrt{a}$ 大于此值时裂纹就要扩展，此常数表征了材料对断裂的抵抗能力，实际上相当于线弹性断裂力学中的断裂韧度。从式（5-3）中可见 Griffith 只考虑了表面能，无疑这只适用于很脆的材料，而对于具有一定韧度的材料如金属，其裂纹尖端在开裂前一般总要发生塑性变形，形成塑性区的能量（塑性能）一般远大于表面能，因此没有考虑塑性能的 Griffith 理论就不适用于金属之类的材料。

1949 年，Orowan 对 Griffith 理论进行了修正，他认为裂纹体周围材料释放出的应变能不仅转化为表面能，更重要的是转化为裂纹前缘的塑性变形能，Orowan 假定如果裂纹尖端塑性区尺寸和其他尺寸相比很小的话，也可成功地应用线弹性理论分析应力。令裂纹扩展每单位表面积所需的塑性变形能为 U_p，则式（5-2）应写为

$$\sigma_c = \sqrt{\frac{2E'(T+U_p)}{\pi a}} \tag{5-4}$$

这就是经 Orowan 修正的 Griffith 公式。由于金属材料的 U_p 比 T 大好几个数量级,因而由式(5-4)得出的 σ_c 要比由式(5-2)得出的大得多,这表明金属材料所允许的临界应力和临界裂纹尺寸比玻璃、陶瓷的大。

3. 能量率 G 判据

在能量判据中,还常用应变能释放率判据,它表示裂纹每扩展单位面积,弹性系统所能提供的能量(即系统释放出来的应变能),也称裂纹扩展力(扩展单位长度时所需的力)。根据定义可推导得

$$G_{\mathrm{I}} = \frac{\pi a \sigma^2}{E'} \tag{5-5}$$

G_{I} 的单位是 N/mm,在临界状态时,裂纹每扩展单位面积(或长度)所需的能量称为临界裂纹扩展能量率,以 G_{Ic} 表示。显然,由它建立的 G 判据可写为

$$G_{\mathrm{I}} \geqslant G_{\mathrm{Ic}} \tag{5-6}$$

它表明 G_{I} 达到或超过 G_{Ic} 时裂纹将开始扩展。如 G_{Ic} 越大,裂纹扩展所需的能量就越大,即材料抵抗裂纹扩展的能力越大,可见 G_{Ic} 是材料抵抗裂纹扩展能力的度量,因此称为材料的断裂韧度。但因测试较困难,设计应用不太方便,应用受到限制。然而在断裂研究分析中仍是有用的判据之一。

5.2　平面应变断裂韧度 K_{Ic} 的测试

带有裂纹的构件,按其受力变形方式裂纹可分为三种基本类型,即张开型、滑开型和撕开型,也称为第Ⅰ型、第Ⅱ型和第Ⅲ型。一般情况下,可认为裂纹尖端的塑性区域非常小,从而可用线弹性力学来分析裂纹的行为。裂纹尖端附近区域的应力应变场皆可由一个参量 K 来表征,它标志着裂纹尖端附近区域应力场强弱的程度,称为应力强度因子。由于第Ⅰ型(张开型)加载是最常见的,也是引起脆性破坏最危险的情况,因此对第Ⅰ型加载的研究最多。

K_{I}(下标Ⅰ表示第Ⅰ型裂纹)是所有应力分量和位移分量公有的关键因子,其他参量 r、θ、E、μ 和 υ 等对已知材料已知点来说都是定值。K_{I} 和各应力分量、位移分量成线性关系,它是名义应力 σ 和裂纹几何参量 a 的函数,量纲为 [力][长度]$^{-3/2}$。

当到达材料屈服应力时,裂纹尖端附近会形成一个微小的屈服区,无法直接将裂纹尖端处的应力大小作为裂纹发生失稳扩展的判据。既然应力强度因子 K_{I} 的大小决定了裂纹尖端附近区域的应力场强弱程度。因此,应力强度因子可以作为构件脆性断裂的判据,即

$$K_{\mathrm{I}} = K_{\mathrm{Ic}} \tag{5-7}$$

式中:K_{Ic} 是构件在静载荷作用下裂纹开始失稳扩展时的 K_{I} 值,即 K_{I} 的临界值,它是材料在三向拉伸状态下的裂纹扩展抗力,称为材料的平面应变断裂韧度。实

践证明,它是金属材料的一种基本属性,和常规机械性质一样,应作为材料检验质量指标之一。我国已制定了 K_{IC} 试验方法,即《金属材料 平面应变断裂韧度 K_{IC} 试验方法》(GB/T 4161—2007)。

这里要强调一下,从物理意义上来说,K_I 是描述裂纹尖端应力应变场的参数,代表裂纹构件的工作状态;而 K_{IC} 则是材料本身的性质。在一般环境静载条件下,要使有裂纹的构件安全使用,就需将其工作的应力强度因子 K_I 限制在临界值 K_{IC} 之下。

5.2.1 测量 K_{IC} 的原理

K_I 和 K_{IC} 的关系与 σ 和 σ_s 的关系类似。拉伸时,$\sigma = P/A$,σ 和外力 P、试件截面积 A 有关。当 P 达到 P_c 时,$\sigma = \sigma_s$,材料屈服,达到临界状态。σ_s 代表材料抵抗塑性变形的能力,是材料常数,在一定条件下,它和外力、试件尺寸无关。在实测 σ_s 过程中,要用到 $\sigma = P/A$ 的算式。裂纹稳定扩展时,K_I 和外力 P、裂纹长度 a、试件尺寸有关;当 P 和 a 达到 P_c 和 a_c 时,裂纹开始失稳扩展。此时,材料处于临界状态,即 $K_I = K_{IC}$,K_{IC} 表征了材料抵抗裂纹扩展的能力,是材料常数,在一定条件下,它和外力、试件类型及尺寸无关(但与工作温度和变形速率有关)。测试 K_{IC} 的原理与测试 σ_s 的原理极为相似,要用到计算应力强度因子的表达式,要确定试件尺寸和临界载荷值等。

带中心穿透裂纹的无限大板在 I 型加载条件下的应力强度因子为

$$K_I = \sigma \sqrt{\pi a} \tag{5-8}$$

对于不同类型的试件,按照线弹性力学方法可以得到

$$K_I = \sigma \sqrt{\pi a} \cdot f \tag{5-9}$$

式中:f 为修正系数(是一个与试件尺寸有关的函数值)。

国家标准使用预制疲劳裂纹试样通过增加力来测定金属材料的断裂韧度(K_{IC}),详细的试样尺寸和试验步骤在后文给出。力与缺口张开位移可以自动记录,也可以将数据储存到计算机。根据对试验记录的线性部分规定的偏离来确定 2% 最大表观裂纹扩展量所对应的力,如果认为试验确实可靠,K_{IC} 值就可以根据这个力计算。

K_{IC} 表征了在严格拉伸力约束下,有裂纹存在时材料的断裂抗力,这时:

(1) 裂纹尖端附近的应力状态接近于平面应变状态。

(2) 裂纹尖端塑性区的尺寸相比裂纹尺寸、试样厚度和裂纹前沿的韧带尺寸要足够小。

K_{IC} 值通常情况下代表了试验温度下断裂韧度的下限值,是基于有限时间的静载荷测量的值。而对于循环载荷和持久载荷,即使 K_I 值小于 K_{IC} 值,循环力或持久力也可能引起裂纹扩展。此外,在循环载荷或持久载荷下,如果存在腐蚀介

质,裂纹扩展速度将加快。因此,应用 K_{IC} 于服役部件设计时,应当考虑实验室试验条件与现场条件之间可能存在的差异。

对于平面应变断裂韧度试验,不可能预先保证在特定试验中一定能测出有效 K_{IC}。试验时在弯曲或拉伸载荷状态下,加载至试样断裂或不能承受更大载荷为止。加载过程中自动记录载荷 P 和缺口张开位移 V,得到 P-V 曲线,在此曲线上求出裂纹相对扩展长度为 2% 时的载荷,并将此载荷代入相应的 K_I 表达式中进行计算,再根据有效性条件判别测试的有效性,从而得到 K_{IC} 值。

5.2.2　试样和试验装置

1. 试样类型和尺寸

在国家标准 GB/T 4161—2007 中,三点弯曲试样(图 5-1)和紧凑拉伸试样(图 5-2)都可作为测试 K_{IC} 的标准试样,另外还可选择 C 形拉伸试样和圆形紧凑拉伸试样。

图 5-1　测量 K_{IC} 的标准三点弯曲试样

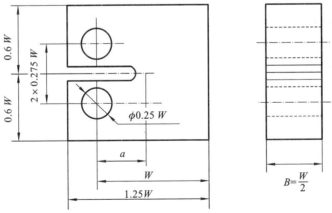

图 5-2　测量 K_{IC} 的标准紧凑拉伸试样

三点弯曲试样简单,易于加工,因此常被采用。紧凑拉伸试样则节省材料,但要求有专门的夹具,对夹具加工精度要求很高。而 C 形拉伸试样和圆形紧凑拉伸试样分别适用于管材和棒材的试验。另外,在确定试样形状时,还应该考虑试样在实际结构中的截取方向,以反映材料的各向异性和构件真实的工作状态。

　　试件中的切口可采用线切割或电火花加工,其宽度一般为 0.12 mm。切口端部的疲劳裂纹则可以在高频拉伸疲劳试验机上预制,其长度应大于 1.3 mm,一般长度为 3~5 mm 国家标准 GB/T 4161—2007 中规定标准三点弯曲试样和紧凑拉伸试样的应力强度因子表达式为

　　标准三点弯曲(代号 SECB)试样:

$$K_{\mathrm{I}} = \frac{PS}{BW^{3/2}}f(a/W) \tag{5-10}$$

式中:

$$f(a/W) = \frac{3\,(a/W)^{1/2}\big[1.99 - (a/W)(1-a/W)(2.15 - 3.93a/W + 2.7a^2/W^2)\big]}{2(1+2a/W)(1-a/W)^{3/2}}$$

P 为载荷;S 为名义跨距;W 为试样宽度;B 为试样厚度。

　　标准紧凑拉伸(代号 C(T))试样:

$$K_{\mathrm{I}} = \frac{P}{BW^{1/2}}f(a/W) \tag{5-11}$$

式中:

$$f(a/W) = \frac{(2+a/W)\big[0.866 + 4.64a/W - 13.32\,(a/W)^2 + 14.72\,(a/W)^3 - 5.6\,(a/W)^4\big]}{(1-a/W)^{3/2}}$$

　　只有当试样尺寸满足平面应变和小范围屈服的力学条件时,才能获得与试样尺寸无关的 K_{IC} 值。试样厚度 B 的要求是满足平面应变的条件之一。只有当裂纹尖端的大部分区域处于平面应变状态时,测得的临界应力强度因子才是材料的平面应变断裂韧度 K_{IC}。裂纹长度 a 的要求是满足小范围屈服(即塑性区尺寸远小于裂纹尺寸)的条件,只有小范围屈服,才能按线弹性计算出满足工程精度要求的 K_{IC} 值。而韧带尺寸 $W-a$ 既影响小范围屈服,也影响包括塑性区在内的弹性范围的大小,所以也必须满足一定的尺寸要求。一般对于试样的厚度 B、裂纹长度 a 和韧带宽度 $W-a$,要求其大于裂纹尖端塑性区半径 $r_y = \frac{1}{4\sqrt{2}\pi}\left(\frac{K_{\mathrm{IC}}}{\sigma_s}\right)$ 的 50 倍,即

$$B \geqslant 2.5\left(\frac{K_{\mathrm{IC}}}{\sigma_s}\right),\ a \geqslant 2.5\left(\frac{K_{\mathrm{IC}}}{\sigma_s}\right),\ W-a \geqslant 2.5\left(\frac{K_{\mathrm{IC}}}{\sigma_s}\right) \tag{5-12}$$

　　另外,根据弹性理论的圣维南原理,为了避免加载点和支承点附近的应力集中对裂纹附近区域的干扰,对试样尺寸也有一定要求。例如对于三点弯曲试样,要求:

$$S:W:B = 8:2:1 \tag{5-13}$$

式中:S 为名义跨距;W 为试样宽度。

　　由于 K_{IC} 是需要通过试验测定的,而被测试样的尺寸和 K_{IC} 有关,因此在实

际工作中,一般先根据相近材料估算一个 K_{Ic} 值来初步确定试样尺寸。通过试验测出有效的 K_{Ic},再代入式(5-13),若满足等式,则试样尺寸适当;若不满足,则需要重新选取试样尺寸进行试验。

2. 试验装置

以紧凑拉伸试样为例,图 5-3 给出了测量 K_{Ic} 的实验系统示意图。测量 K_{Ic} 所需要的试验装置包括以下几类:加载装置(万能试验机)和测力装置(载荷传感器,将载荷转变为电信号);位移测量装置(位移传感器,把缺口张开位移转变为电信号)、检测记录装置(信号放大器和 X-Y 函数记录仪)以及裂纹的观测装置和预制裂纹的高频疲劳试验机等。

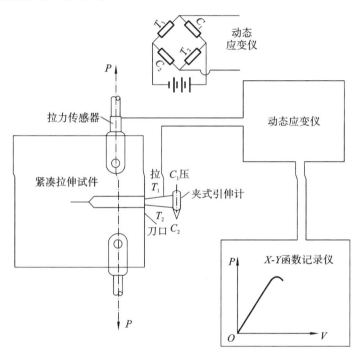

图 5-3　平面应变断裂韧度 K_{Ic} 测量系统示意图

5.2.3　试验程序

(1) 测量试样厚度 B 和宽度 W,测量精度不低于 0.02 mm 或 $0.1\%W$。

(2) 估算此试样的载荷最大值 P_{max}。

(3) 安装试验夹具和试样。为保证断裂试验的正确性,可预加载至($1/4\sim$ $1/3$)P_{max},检查和调试各仪器参数设置是否正确,选择适当的加载速率。

(4) 按照选定的加载速率加载至试样断裂,记录完整的 P-V 曲线。

(5) 在断口上测量裂纹长度 a。通常采用放大倍数在 20 倍以上的显微镜进行测量,测量精度不低于 0.01 mm。沿厚度方向测量 5 个裂纹长度 $a_1 \sim a_5$,如图 5-4 所示。取沿厚度方向 1/4、1/2 和 3/4 三处从缺口到裂纹前缘的长度平均值作为裂纹长度 a,即 $a=(a_2+a_3+a_4)/3$;而且 a_2、a_3、a_4 之间任意两个测量值之差不得大于 $0.1a$,a_1 和 a_5 之差也不得大于 $0.1a$,否则试验无效。

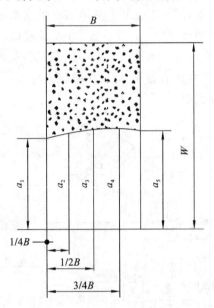

图 5-4　裂纹长度测量示意图

5.2.4　试验结果处理和 K_{IC} 有效性判断

1. 临界载荷 P_Q 的确定

标准中规定将裂纹扩展相对量达到 2% 时对应的载荷作为临界载荷 P_Q。由于实际测得的是 $P\text{-}V$ 曲线而不是 $P\text{-}\Delta a$ 曲线,因此,要在 $P\text{-}V$ 曲线上找出相应于裂纹扩展相对量 $\Delta a/a=2\%$ 的点,就必须建立起缺口张开位移与裂纹扩展率之间的关系。经过理论分析得到:裂纹扩展相对量为 2% 时,$P\text{-}V$ 曲线的斜率降低 5%。因此,可以用作图法从 $P\text{-}V$ 曲线上确定 P_Q 的值。

由于试样尺寸条件满足的程度不一样,故试验所获得 $P\text{-}V$ 曲线的形式也不一样。典型的 $P\text{-}V$ 曲线如图 5-5 所示。

当试样的厚度很大或材料韧度很小时,获得的曲线类似于图 5-5 中的①。在这种情况下,裂纹在加载过程中并无扩展,当载荷达到最大值时,试样发生突然断裂,此时 $P_Q=P_{max}$。

由中低强度钢制成的厚度较小的试样试验曲线类似于图 5-5 中的③。在达到最大载荷前,裂纹已经开始逐步扩展或亚临界扩展,所以不能用 P_{max} 作为 P_Q。此时 P_Q 的确定方法如下:过原点 O 作一条比 $P\text{-}V$ 曲线直线段斜率低 5% 的割线(裂

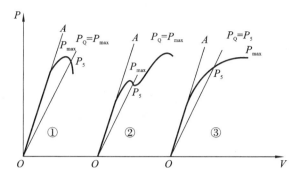

图 5-5　K_{IC} 测量时 P-V 曲线的三种基本类型

纹扩展相对量为 2% 时,P-V 曲线的斜率降低 5%),其与 P-V 曲线的交点记作 P_5,取 $P_Q = P_5$。

当试样厚度适中,材料的韧度不是很小时,获得的曲线类似于图 5-5 中的②。曲线上出现至少一个载荷不再增大的平台,试验中往往听见爆裂声,此时取第一个载荷平台值作为 P_Q。

2. K_{IC} 的有效性判断

确定了试样的临界载荷 P_Q 和裂纹长度 a 之后,就可根据式(5-10)或式(5-11)来计算 K_I。由此得到的 K_I 值称为条件断裂韧度 K_Q。至于 K_Q 是否就是材料的有效 K_{IC} 值,还必须检查以下两个判据是否得到满足:

(1) 载荷比判据:

$$P_{max}/P_Q \leqslant 1.1 \qquad (5\text{-}14)$$

(2) 几何判据:

$$B \geqslant 2.5\left(\frac{K_Q}{\sigma_s}\right), a \geqslant 2.5\left(\frac{K_Q}{\sigma_s}\right), W - a \geqslant 2.5\left(\frac{K_Q}{\sigma_s}\right) \qquad (5\text{-}15)$$

对于判据(1),如果试件尺寸不足,裂纹将会在载荷没有达到临界载荷时扩展,此时 P_Q 值将小于实际的临界载荷,判据(1)得不到满足,并且根据 P 计算的 K_Q 将小于实际的 K_{IC},这样就有可能出现实际上不满足 $B \geqslant 2.5(K_{IC}/\sigma_s)$ 而满足 $B \geqslant 2.5(K_Q/\sigma_s)$ 的假象。所以,第一个判据是先决条件,如果这个条件不满足,第二个判据也就没有意义了。判据(2)是由试验对试样的几何要求得来的,因为此时还不知道 K_{IC},所以用 K_Q 代替。

若所得到的 K_Q 满足以上两个有效性判据,则 K_Q 就是材料的平面断裂韧度 K_{IC},否则就必须加大试样尺寸而重新做试验。新试样的尺寸至少应为原试样的 1.5 倍。

5.2.5　测试低温断裂韧度 K_{IC}

近年来对材料在低温下的断裂韧度 K_{IC} 的要求日渐增多,现简要介绍低温断裂韧度测试中的一些问题。

1. 夹具

低温材料断裂韧度测试的夹具一般有两种：①试件缺口向上放置的夹具；②试件缺口向下放置的夹具。采用试件缺口向上放置的夹具（图5-6）。对于这种夹式引伸计，只需将试件淹没在低温液体介质里，而夹式引伸计露在液面外，故仍可采用一般的引伸计。而此夹具最大的缺点是，试件下面只有一个支点，试件装置不稳，又不易对中，操作时会产生很多麻烦。如采用试件缺口向下放置的夹具，则两端支点在试件下面，可以克服试件不稳的缺点。

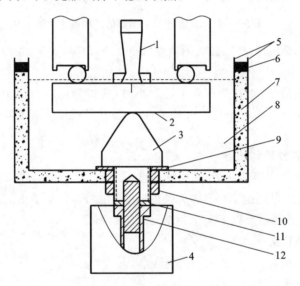

图 5-6　低温测试装置示意图

1—引伸计；2—试件；3—压头；4—载荷传感器；5—白铁皮槽；6—泡沫塑料；7—隔热填料；
8—低温介质；9—橡胶密封环；10—M50螺母；11—玻璃钢隔热环；12—尼龙棒

2. 试验容器

进行$-70\ ℃$以上的试验时，可用乙醇加干冰（固体CO_2）降温；进行$-70\ ℃\sim-150\ ℃$的试验时，则将50%乙醇和50%甲醇混合后，再加液氮降温。

存放冷却介质的容器，可用不锈钢皮或白铁皮制成两个盒子，一个套在另一个外面，底部夹层用胶木层压板，既能承受压力，又有保温作用；在四周夹层中，可用隔热材料填充；或底部和四周夹层均用隔热材料填充。

容器的大小要能放入夹具，以容积略大为宜，因容积大保温性能好。

3. 夹式引伸计和引出措施

进行低温试验的夹具，若采用两端支点在试件下面的加载方法，则引伸计须浸泡在低温介质中，从而会使引伸计质量变差，例如胶水变脆、应变片脱落、绝缘性能差和放人倍数不成线性等。如采用204胶水，在低温下引伸计的性能是可以满足要求的。

　　贴应变片的工艺是先将引伸计的两臂表面用丙酮擦净后,涂上一层 204 胶水和用丙酮稀释的胶水于引伸计的表面,待略干后,在应变片和引伸计的表面上再涂一薄层胶水,贴好后放入烘箱内,加温至 160 ℃左右烘干 2 h。取出后,接好引线,在应变片外紧紧包上涂满胶水的纱布(保护应变片不致松脱),再放入烘箱烘干后取出即可。

　　引出线可用漆包线焊在应变片上,再涂上 204 胶,以保证绝缘。

　　采用这种工艺贴片,通过在低温介质和室温下进行比较试验,发现室温和低温下的引伸计放大倍数相差极微。因此,每次做试验前后,可在室温下进行校验工作。

　　此外还应检验绝缘情况,将夹具和引伸计全浸泡在介质中,若绝缘良好,则对试验结果无影响。此处顺便说明一下,在低温介质中,采用电位法测开裂点,通 30 A 大电流于试件两端,可不再对夹具和试验机间进行绝缘处理,即能使试验正常进行。

5.3　表面裂纹断裂韧度 K_{Ie} 的测试

　　在工程实践中,绝大多数的情况下脆性断裂都是由不穿透板厚的表面裂纹扩展引起的。例如,某导弹发动机壳体在试验发射时发生的爆炸事故,和其后为分析事故进行的高强度钢壳体水压试验时经常发生的破坏,都属于这类表面裂纹扩展引起的低应力脆性断裂。

　　表面裂纹前缘的大部分平行于板宽 W(图 5-7),从而 z 方向的弹性约束由板宽承担,使表面裂纹最深边缘处于最危险的平面应变的三向拉伸应力状态,这是断裂力学中最值得重视的一种平面应变条件下的裂纹扩展。

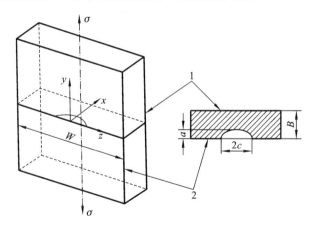

图 5-7　厚度为 B 且有表面裂纹的平板

1—后表面;2—前表面

表面裂纹断裂韧度 K_{Ie} 是指具有表面裂纹的试样承受持续增加的静载荷时,

在裂纹前缘处于平面应变状态下所测得的材料的应力强度因子 K_I 的临界值。它是与板材厚度无关的材料常数。一方面在工程实际中结构的厚度往往不能满足 K_{Ic} 测量方法对试样厚度的要求；另一方面，很多情况下结构的脆性破坏往往是由未穿透板厚的裂纹扩展所引起的。因此，表面裂纹断裂韧度 K_{Ie} 的测定具有很好的真实结构模拟性和实际意义，可直接用来估算具有表面裂纹构件的安全裕度和容许的裂纹尺寸。

5.3.1　测试原理和方法

1. K_{Ie} 的测试原理

K_{Ie} 的测试原理与 K_{Ic} 的相似，主要包括应力强度因子表达式的选择、试样尺寸设计和临界载荷的确定等。由于在表面裂纹应力强度因子的分析、试样尺寸要求以及试验技术等方面还存在一定的问题和困难，迄今为止还没有制定出成熟的表面裂纹断裂韧度的国家标准。目前有 HB 5279-84 c 3J 和美国 ASTM E 7 40-80 C4J 标准可供参考。

2. 表面裂纹的应力强度因子

半椭圆裂纹周边的应力分布是一个三维弹性力学问题，目前还没有精确的分析解，只能采用一些近似的方法。自从 Owen 于 1962 年提出第一个近似解后，许多断裂力学工作者对 Owen 公式进行了修正，以扩大其应用范围，提出了各种修正系数。由于对塑性区有不同的考虑和处理，故表面裂纹应力强度因子的计算公式多种多样。HB 5279-84 和 ASTM E 740-80 均推荐使用 Newman-Raju 提出的表达式作为拉伸载荷作用下表面裂纹最深处的应力强度因子计算公式：

$$K_I = \frac{M}{\phi}\sigma\sqrt{\pi a} \tag{5-16}$$

式中：

$$\phi = 1 + 1.464\,(a/c)^{1.65}$$

$$\sigma = \frac{P_Q}{BW}$$

$$M = 1.13 - 0.09(a/c) + \left(-0.54 + \frac{0.89}{0.2 + a/c}\right)(a/B)^2$$

$$+ \left[0.5 - \frac{1}{0.65 + a/c} + 1.4\,(1 - a/c)^{24}\right](a/B)^4$$

式中：a 为椭圆短轴半长；c 为椭圆长轴半长；σ 为作用在试样两端的拉应力；M 为前后表面的总修正系数；W 为试样宽度；B 为试样厚度；P_Q 为临界破坏载荷。为了便于计算，M/ϕ 值也可查阅 HB 5279—84 中附表得到。

3. K_{Ie} 的测量方法

首先对试样进行疲劳加载，预制半椭圆表面裂纹（图 5-8），然后在材料试验机上进行加载试验。

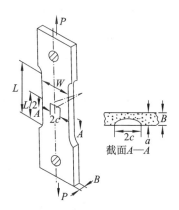

图 5-8　预制半椭圆表面裂纹的试样

在连续缓慢增加的拉伸载荷下自动记录载荷 P 和缺口张开位移 V 的关系曲线。三种典型的 $P\text{-}V$ 曲线如图 5-9 所示。采用与测量 K_{1c} 确定临界载荷相类似的方法作出割线(但其斜率规定比 $P\text{-}V$ 曲线初始直线段斜率下降 15%,斜率下降 15% 时的载荷 P_{15} 所对应的 K_{1c} 值,基本上是裂纹前缘起裂时的断裂韧度值)以确定其 P_Q。在拉断的试样断面用显微镜测量半椭圆表面裂纹的长度 a 和 $2c$,代入相应的应力强度因子表达式,算出表面裂纹断裂韧度 K_Q。

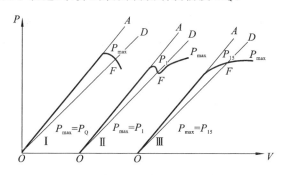

图 5-9　K_{1c} 测量 $P\text{-}V$ 曲线的三种基本类型

5.3.2　试样预制及拉断

1. 试样类型和尺寸

严格地说,试件尺寸包括板宽、裂纹深度和韧带尺寸,均应满足平面应变条件和线弹性小屈服区的要求。由于表面裂纹试件板宽 W 代替了穿透裂纹试件的板厚 B 的作用,故板宽较易满足要求;而裂纹深度 a 和韧带尺寸($B-a$)想要满足要求就较为困难,对于其是否降低到某一限度后就能获得稳定的 K_{1c} 值,迄今尚难从理论上予以确定。

板材是辗压件,材料是各向异性的,试件的材料取向应该按照结构材料受力危险方位确定。试件形式有三:一是厚度 B 不变,工作部分宽度 W 和头部宽度 W_0 不等;二是宽度 W 不变,工作部分厚度 B 和头部厚度 B_0 不等;三是厚度 B 和宽度 W 均不变。B、W 和工作部分长度 l 的尺寸根据材料确定。试件头部尺寸依照传力的方式而定。

表面裂纹断裂韧度 K_{Ie} 的测试可以采用图 5-8 所示的带销孔试样或直条试样。为了满足线弹性小范围屈服的要求,试样尺寸一般情况下窄板 $l \geqslant 2W$,宽板 $l \geqslant 1.5W$,其他尺寸应满足下列条件:

$$W/B \geqslant 6, \quad 2c \leqslant W/3, \quad a = (0.45 \sim 0.55)B \tag{5-17}$$

2. 裂纹预制和试样拉断

为控制裂纹深度 a,一般准备几个试件做预备性试验。如先预裂一个试件,在拉伸试验机上拉断,测量 a 和 $2c$ 的大小。如 $a/2c$ 不符合预定要求,可重新磨制劈刀刀刃,改变其椭圆度再试。如 $a/2c$ 大体符合要求而 a 值超过允许深度则在其后的试件预裂时,调整 $2c$ 长度,以控制裂纹深度 a 达到要求值。

用模拟裂纹形状的刀具或电火花机在试样中部表面制造一个人工初始裂纹源,以使疲劳预制裂纹的形状达到预期要求;然后以三点弯曲加载方式在疲劳试验机上预制疲劳裂纹。预制疲劳裂纹时,其深度 a 按下列经验公式控制:

$$a/B + a/c = 1 \pm 0.1 \tag{5-18}$$

这样,通过观测并控制表面裂纹长度 $2c$,就可以估算出裂纹深度 a。

表面裂纹尖端张开位移很难测,因此,只能依靠位移计测量并绘制 P-V 曲线。为了安装位移计,在有疲劳裂纹的中心线上,在对称裂纹两侧各加工一个盲孔,其间距应小于 $2a$,盲孔深度约为 0.3 mm。

预裂后的试件安装在全能试验机夹具或夹头上,要求严格对中,然后缓慢加载直到试件拉断为止,记下拉断试件的最大载荷。用读数显微镜测量裂纹 a 和 $2c$ 的尺寸,要准确到误差不超过 0.5%,记录试验温度和断口外貌。

5.3.3　K_{Ie} 有效性判断及应用

试验得到的 K_Q 是否就是有效的 K_{Ie},还需要进行以下有效性判断:

(1) 为满足线弹性条件要求,试样尺寸应满足:$\begin{cases} a/B = 0.45 \sim 0.55 \\ B - a \geqslant 0.5\,(K_Q/\sigma_s)^2 \\ a \geqslant 0.5\,(K_Q/\sigma_s)^2 \end{cases}$。

(2) 为防止取值偏离 P_{max} 过大,要求破坏载荷满足:$P_{max}/P_Q \leqslant 1.20$。

(3) 为保证构件大部分区域不发生屈服,要求断裂应力 σ_c 满足:$\sigma_c/\sigma_s \leqslant 0.80$。

因为金属材料在冶金、加工、焊接或成形过程中可能产生缺陷,而这些缺陷往往在受力构件表面逐渐形成半椭圆表面裂纹。所以半椭圆表面裂纹是工程构件中客观存在的实际裂纹。这种隐患的存在,将会给生产和使用带来极大的危害。采用表面裂纹断裂韧度 K_{1e} 值进行设计,更加符合构件的实际情况;而且 K_{1e} 的测量一般不受板厚的限制,易从构件上取样,所以 K_{1e} 的测试具有很好的模拟性,因此表面裂纹断裂韧度被广泛应用于设计、选材、工艺筛选、故障分析和寿命估算等方面。

5.4 平面应力断裂韧度 K_C 的测试

近代工业特别是航空和航天事业的高速发展,使得高强薄壁材料被广泛应用。要进行断裂控制,必须知道材料的平面应力断裂韧度 K_C 的值。平面应力断裂韧度 K_C 是指材料在平面应力状态下抵抗裂纹失稳扩展的能力。飞机蒙皮、导弹外壳和薄壁容器等薄壁结构往往产生平面应力状态下的断裂。由于材料在平面应力状态比平面应变状态具有较高的韧度,如果用 K_{1C} 作为航空航天高强薄壁结构的设计依据,则显得过于保守,因此,需要测量材料的平面应力断裂韧度 K_C。

材料的平面应力断裂韧度 K_C 与试样的厚度、宽度以及裂纹长度等因素都有关系。但是,如果适当地设计试样,使其他因素的影响降低到最小程度,则厚度将成为唯一显著影响 K_C 的因素。所以尽管 K_C 不是材料常数,但是在与构件厚度相同条件下测定的 K_C,对实际应用具有重要意义。K_C 测试方法虽经多年研究,但目前仍尚不十分成熟,迄今提出的方法大体上可分为直接测量法和间接测量法两类。间接测量法采用较小的试件测出裂纹端点的临界张开位移去换算 K_C,或者用圆筒爆破或有限宽板条拉伸试验测得一些参量进行换算。平面应力断裂韧度 K_C 的测量方法目前没有统一的标准,本节介绍两种测定 K_C 的方法:COD 法和 R 曲线法。

5.4.1 COD 法

1. 测量原理和方法

COD 法的测量原理是:在平面应力状态下,含裂纹试样加载时的 P-δ 曲线具有塑性材料的断裂特性(图 5-10),通过测量临界裂纹等效长度 a_c(由于平面应力状态下塑性区远比平面应变状态下大,在确定 a_c 时必须考虑塑性区的影响)所对应的裂纹尖端的临界张开位移 δ_c 来换算出 K_C。此时平面应力断裂韧度可用下式计算:

$$K_C = \gamma \sigma_c \sqrt{\pi a_c} \tag{5-19}$$

式中:γ 为形状因子,只与试样的形状和尺寸有关。

所以,测量 K_C 时的关键问题在于确定临界载荷 P_c 和其对应的临界裂纹等效长度 a_c。但是要精确地确定试样断裂的临界点有一定的难度,这也是 COD 法的不足之处。而 a_c 则可以通过标定的方法来确定。

COD 法的测量方法如下:将符合尺寸要求的带裂纹的试样在试验机上加载,自动绘出 P-δ 曲线,取曲线刚进入水平段的转折点(图 5-10(a)中点 C)为临界点,

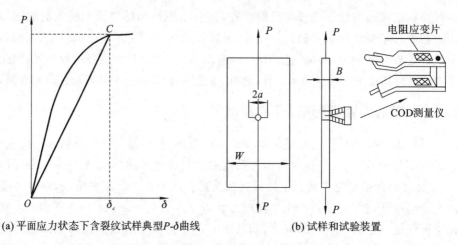

(a) 平面应力状态下含裂纹试样典型P-δ曲线　　　　　　(b) 试样和试验装置

图 5-10　COD 法测量平面应力断裂韧度示意图

由此得出 P_c 和 δ_c；再通过 δ 和等效裂纹长度 a 的关系曲线（标定曲线），得到相应于点 C 的等效临界裂纹长度 a_c；最后将 σ_c 和 a_c 代入 K_c 的计算公式，算出 K_c 的值。试样和试验装置如图 5-10(b)所示。

测量 K_c 时通常采用中心裂纹拉伸（CCT）试样，试样尺寸按下述条件选取：

$$W = \frac{27}{2\pi}\left(\frac{K_c}{\sigma_s}\right)^2, \quad 2a \leqslant \frac{W}{3}, \quad L = 3W \tag{5-20}$$

式中：W 为试样宽度；L 为试样工作部分的长度。

其应力强度因子表达式为

$$K = \gamma\sigma\sqrt{\pi a} \tag{5-21}$$

式中：a 为中心穿透裂纹的半裂纹长度；γ 为有限宽板的形状修正系数。目前比较常用的表达式是：$\lambda = \sqrt{\sec(\pi a/W)}$。

2. COD-a 的标定

选取一组完全相同的试样（一般用与测 K_c 完全相同的试样），线切割使每块试样具有不同的裂纹长度 $2a_0$。在弹性范围内施加拉伸载荷，测出不同 $2a_0/W$ 试样的 P-δ 曲线，如图 5-11 所示。求出各直线斜率的倒数 δ/P，并乘以 B 和 E，得到量纲为 1 的柔度值：

$$(\delta/P)\cdot B\cdot E = (E\cdot\delta)/(\sigma\cdot W) \tag{5-22}$$

最后，可以得到 $(E\cdot\delta)/(\sigma\cdot W) - 2a_0/W$ 的标定曲线，如图 5-12 所示。

3. 临界裂纹长度的确定

测量 K_c 时，取 P-δ 曲线刚进入水平段的转折点（图 5-10(a)中点 C）为临界点，由此得出 P_c 和 δ_c，求出无量纲柔度 $(E\cdot\delta)/(\sigma\cdot W)$，即可在标定曲线（图 5-12）上得到 $2a_c/W$，从而求得等效临界裂纹长度 $2a_c$，代入式(5-21)即可求得 K_c。

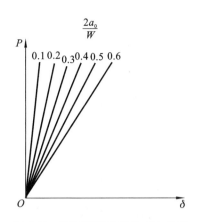

图 5-11　不同裂纹长度的 $P\text{-}\delta$ 曲线

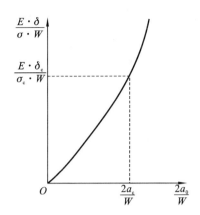

图 5-12　COD 标定曲线

5.4.2　R 曲线法

1. 测量原理

R 曲线是材料裂纹扩展阻力 R 与有效(或真实)裂纹长度 a 的关系曲线。它表征了裂纹缓慢稳态扩展时,材料裂纹扩展阻力的发展情况,试样的裂纹扩展推动力 G 曲线与阻力 R 曲线相切的点就是裂纹失稳扩展点。在裂纹缓慢扩展的过程中,材料抵抗裂纹扩展的阻力 R 等于作用的裂纹扩展推动力 G,即 $R=G$,一直保持到裂纹扩展刚达到临界状态。此后,$G>R$,裂纹扩展转变为失稳扩展。

对应于该点的 G 值即为临界裂纹扩展力 G_C。由于在平面应力条件下 $G=K_I^2/E$,故由 G_C 可求得平面应力断裂韧度 K_C。因此,要测量材料平面应力断裂韧度 K_C,必须先绘制平面应力条件下裂纹扩展的阻力曲线。

2. R 曲线的测量

ASTM 推荐了三种类型的试样来测量 R 曲线:①承受拉伸应力的中心裂纹拉伸(CCT)试样;②承受弯曲应力的紧凑拉伸(CS)试样;③裂纹线楔子加载(CLWL)试样。前两种试样在载荷控制模式下进行试验,相对比较容易,但测出的 R 曲线延伸到裂纹失稳扩展时就结束。而第③种试样是在位移控制模式下进行试验,试验比较复杂,但测出的 R 曲线可以延伸到最大韧度时为止。下面介绍采用CLWL 试样测量 R 曲线的方法。

CLWL 试样形状和尺寸如图 5-13 所示,其厚度 B 与结构厚度相同,含有预制疲劳裂纹,在试样的圆孔内装有一套楔子加载模具。在试验时采用加载模具在圆孔侧面加压力 P,裂纹缺口张开位移为 V_1,载荷 P 与 V_1 有如下关系:

$$\frac{EBV_1}{P}=f_1(a/W) \tag{5-23}$$

式中:E 为弹性模量;B 为试样厚度;W 为试样宽度;a 为有效裂纹长度。$f_1(a/W)$

的表达式可列成表格,也可用下面的多项式表示,即

$$f_1(a/W) = 101.9 - 984.9\left(\frac{a}{W}\right) + 3691.5\left(\frac{a}{W}\right)^2 - 6964\left(\frac{a}{W}\right)^3 + 4054\left(\frac{a}{W}\right)^4$$

$$(5\text{-}24)$$

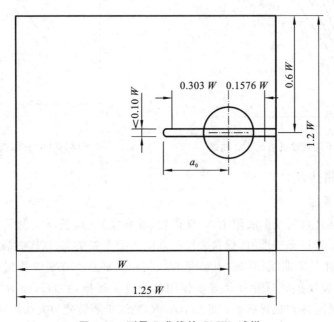

图 5-13   测量 R 曲线的 CLWL 试样

试样的应力强度因子 K_{I} 标定公式为

$$K_{\text{I}} = \frac{P}{B\sqrt{W}} f\left(\frac{a}{W}\right)$$

$$(5\text{-}25)$$

式中:

$$f\left(\frac{a}{W}\right) = \left[\left(a + \frac{a}{W}\right)\Big/\left(1 - \frac{a}{W}\right)^{\frac{3}{2}}\right]\left[\begin{matrix}0.886 + 4.64\left(\frac{a}{W}\right) - 13.32\left(\frac{a}{W}\right)^2 + \\ 14.72\left(\frac{a}{W}\right)^3 - 5.6\left(\frac{a}{W}\right)^4\end{matrix}\right]$$

在测绘 R 曲线时,只要将试样逐级加载,并测量其裂纹长度,便可得到一系列 a_i 和 $R_i = K_i$ 的值,从而可绘出 R 曲线。用楔力加载测绘 R 曲线的方法,看起来很简单,但是由于试样往往是薄板,加载时容易发生翘曲,需要采用特殊装置防止翘曲,且不改变试样的受力状态,因此试验装备比较复杂。

5.5   临界裂纹尖端张开位移 δ_c 的测试

中、低强度材料断裂韧度的测试途径之一是测定裂纹尖端张开位移,用它的临

界值来表示断裂韧度。裂纹尖端张开位移的临界值 δ_c 是弹塑性断裂力学 COD 准则的重要参量，是材料在弹塑性条件下韧度高低的度量指标之一，可以用小型三点弯曲试件在全面屈曲下通过间接的方法测出。我国于 1980 年制定了关于临界 COD 的测量标准 GB 2358—1980《裂纹张开位移（COD）试验方法》，并在其后进行了数次更新，形成标准 GB/T 21143—2014。本节结合国家标准对 COD 测量原理和方法做简要介绍。

5.5.1　测试原理和方法

直接测出裂纹尖端张开位移 δ 比较困难，目前常用三点弯曲试样间接测量 δ。试验时将带有疲劳裂纹的单边缺口试样进行三点弯曲加载，记录载荷 P 和缺口张开位移 V 的曲线关系，然后在 P-V 曲线上找到相应的特征点，将该特征点的 P、V 值代入相应的计算公式中，即可得到对应裂纹开裂的特征张开位移值。

从断裂韧度测试的角度，δ_c 的测试可以看作 K_{IC} 试验的延伸，测试方法非常类似。但是由于没有"小范围屈服"和"平面应变的要求"，所以在测试 δ_c 时，对试样的要求可以适当放松。三点弯曲试样厚度 B 一般等于被测材料或构件的原始厚度（即全厚度试样），这样可以保证试样与构件的裂纹尖端具有相似的约束。跨距 S、宽度 W 和裂纹长度 a 有如下规定。

$W=B$ 的试样：$a=(0.25\sim0.35)W$。

$W=1.2B$ 的试样：$a=(0.35\sim0.45)W$。

$W=2B$ 的试样：$a=(0.45\sim0.55)W$。

$S=4W$。

5.5.2　V_c 和 δ_c 的换算关系

试验中直接测量 δ_c 非常困难。目前，均采用三点弯曲试样测量缺口张开位移的临界值 V_c，由 V_c 与 δ_c 之间的关系求 δ_c。

三点弯曲试样裂纹尖端张开位移 δ 由两部分组成：

$$\delta = \delta_e + \delta_p \tag{5-26}$$

式中：δ_e 为裂纹尖端张开位移的弹性部分。

对于平面应力状态：

$$\delta_e = \frac{K_I^2}{E\sigma_s} \tag{5-27}$$

对于平面应变状态：

$$\delta_e = \frac{K_I^2(1-\upsilon^2)}{2E\sigma_s} \tag{5-28}$$

δ_p 为裂纹尖端张开位移的塑性部分，根据理论分析，三点弯曲试样受载时产生的塑性变形可视为绕某转动中心点（图 5-14 中点 O）的刚体转动，该转动中心到原裂纹前缘的距离为 $\gamma(W-a)$；γ 为转动因子，一般取 $0.3\sim0.5$。

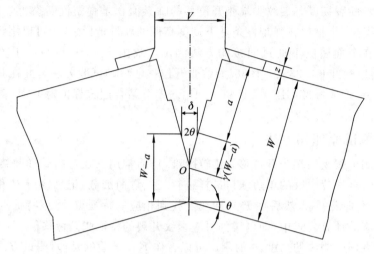

图 5-14　δ 与 V 的关系

根据三角形的相似关系有

$$\frac{\delta_{\mathrm{p}}}{V_{\mathrm{p}}} = \frac{\gamma(W-a)}{z+a+\gamma(W-a)} \tag{5-29}$$

由此可得

$$\delta_{\mathrm{p}} = \frac{\gamma(W-a)}{z+a+\gamma(W-a)} V_{\mathrm{p}} \tag{5-30}$$

在平面应变状态下：

$$\delta = \delta_{\mathrm{e}} + \delta_{\mathrm{p}} = \frac{K_{\mathrm{I}}^{2}(1-v^{2})}{2E\sigma_{\mathrm{s}}} + \frac{\gamma(W-a)}{z+a+\gamma(W-a)} V_{\mathrm{p}} \tag{5-31}$$

式中：$K_{\mathrm{I}} = \gamma P /(B\sqrt{W})$，$P$ 为对应点的载荷；a 为试样原始裂纹长度；z 为引伸计的刀口厚度；V_{p} 为缺口张开位移的塑性部分。

5.5.3　临界点的确定

　　试验得到的 P-V 曲线大致分为三类，如图 5-15 所示。其中Ⅰ、Ⅱ为脆性材料中常出现的情况，Ⅲ为中低强度、高韧度材料中常出现的情况。现分别讨论其临界点的确定方法。

　　第Ⅰ类 P-V 曲线：位移 V 随载荷 P 增加而增大，直到发生失稳断裂（图 5-15 中的Ⅰ）。发生断裂前没有明显的亚临界扩展，快速失稳断裂点即为临界点，此时最大载荷 $P_{\max}$ 即为临界载荷 P_{c}，相应的临界位移为 V_{c}。将 P_{c} 及 V_{c} 的塑性分量代入式(5-31)就可算出临界 δ_{c} 值。

　　第Ⅱ类 P-V 曲线：试验过程中，P-V 曲线由于裂纹"突进"而出现平台，之后曲线又逐渐上升，直至断裂（图 5-15 中的Ⅱ）。这时取"突进"点作为临界点，由"突进"点的载荷 P_{c} 和位移 V_{c} 的塑性分量计算 δ_{c} 值。

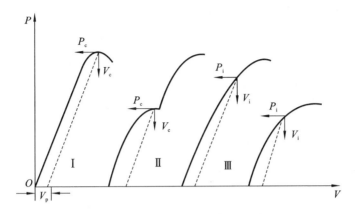

图 5-15　COD 实验中的三类 P-V 曲线

第Ⅲ类 P-V 曲线:载荷通过最高点后连续下降而位移不断增大,或载荷达到最大值后一直保持恒定而曲线出现相当长的平台(图 5-15 中的Ⅲ)。这两种情况下都由于裂纹产生亚临界扩展而不能根据 P-V 曲线直接判定临界点。由于临界点应该是起裂点,故需要借助电位法、电阻法、声发射法等其他方法来确定起裂点,然后由起裂点所对应的载荷 P_i 和位移 V_i 的塑性分量 V_p 来计算 δ_c 值。

5.5.4　确定起裂点的电位法

电位法确定起裂点的示意图如图 5-16 所示。在试样两端加一恒值稳定电流 I,并在裂纹两侧焊上电位接头。试验时,用夹式引伸仪测量试样施力点位移 Δ,同时测量裂纹两侧电位 E 的变化,用 X-Y 函数记录仪自动测绘 E-Δ 曲线。当裂纹扩展时,电位差迅速增大,故根据 E-Δ 曲线的突变,可确定裂纹起裂点。

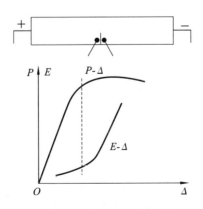

图 5-16　用电位法确定起裂点

5.6　裂纹扩展速率 $\mathrm{d}a/\mathrm{d}N$ 的测试

在常规的安全寿命设计中,是以由光滑试件测得的 $S\text{-}N$ 曲线为依据进行疲劳设计的。对某些需要承力的构件,即使根据疲劳强度极限给予安全系数进行设计,构件在使用过程中有时仍会过早地发生意外破坏。这是由于测定材料疲劳特性所用试件与实际构件间有着根本的差别。构件在加工制造和使用过程中,会因锻造缺陷、焊接裂纹、表面划痕和腐蚀坑等造成表面或内部裂纹。有裂纹的构件,在承受交变载荷作用时裂纹发生扩展,从而导致构件突然断裂。因此,承认构件存在裂纹这一客观事实,并考虑裂纹在交变载荷作用下的扩展特性,将是疲劳设计的发展思路。

随着飞机、火箭、船舶等运载工具制造业的迅速发展,由疲劳破坏导致的脆性断裂事故的大量出现,工程应用对结构设计的要求越来越高。为此,近年来已采用新的设计概念——破损安全设计。这种设计的主导思想是,认为某些需要承力的构件出现不大的损伤(裂纹)后,在所规定的检修期内仍能安全地工作。为了进行破损安全设计和检修工作,必须了解材料的疲劳裂纹扩展特性,这是工程应用给材料的力学性能研究提出的新课题。

研究裂纹在交变载荷下的扩展速率,是对传统疲劳试验和分析方法的一个重要补充和发展。疲劳条件下的亚临界裂纹扩展速率是决定构件裂纹扩展寿命的特性指标之一,并为破损安全设计所采用。因此,在各种条件下用试验获得的各种材料的裂纹扩展速率数据,可以直接应用到相应的构件选材和计算中。

5.6.1　疲劳裂纹扩展特性

对于一个含有表面初始裂纹 a_0 的构件,在承受静载(通常环境)时,只有其应力水平达到临界应力 σ_0,即裂纹尖端的应力强度因子达到临界值 K_{IC}(或 K_{C})时,才会立即发生脆性断裂(图 5-17)。若将应力水平降低到 σ_0,则构件不会发生破坏。但如果构件承受一个与静应力 σ_0 大小相等的脉动循环的交变应力(图 5-17 左侧所示),则初始裂纹 a_0 在交变应力 σ_0 作用下发生缓慢的扩展,当它达到临界裂纹尺寸 a_c 时,同样会发生脆性破坏。裂纹在交变应力作用下,由初始值 a_0 到临界值 a_c 这一扩展过程,称为疲劳裂纹的亚临界扩展。

一般认为,在交变载荷作用下的构件中,微观裂纹可能在疲劳寿命的很早时期成核。习惯上,把一个构件的疲劳寿命分为三个阶段:裂纹成核阶段、扩展阶段和破坏阶段。前两个阶段的区别并不明确,但有研究人员倾向于把微观裂纹扩展看作一个独立的阶段,并介于裂纹成核和宏观裂纹扩展阶段之间。至于微观裂纹在怎样的情况下才会变成宏观裂纹的问题,则不能离开材料显微结构和几何形状两个重要因素。当考虑到介质的显微结构,在裂纹大到能用均质连续的有关概念时,

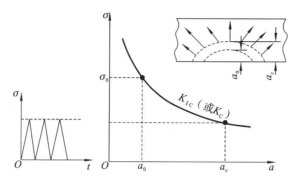

图 5-17　临界裂纹尺寸和亚临界裂纹扩展

就可以把它看作一个宏观裂纹,并把疲劳裂纹扩展理解为宏观裂纹的增长,且假定连续介质力学的模型是适用的。

在裂纹成核和裂纹扩展的每一阶段中,构件所耗去的疲劳寿命的百分数,很大程度上取决于某个特定构件的几何形状。如构件庞大且无造成应力集中的形貌,则疲劳裂纹的成核期远较扩展期长,在这种情况下,用以预示疲劳寿命的各种方法都归结为 S-N 曲线的研究。另外,在具有多处应力集中的构件中,宏观裂纹的形成发生在疲劳寿命的早期,因此,用载荷循环次数来表示扩展段,就成了总寿命的主要部分。

疲劳裂纹扩展速率(即每疲劳一周次时裂纹的扩展量)分为两种类型:①裂纹在包围裂纹尖端的弹性区内的扩展,即裂纹长度 a 远大于裂纹尖端塑性区尺寸 r_y,许多受高循环、低载荷、低裂纹扩展速率($\mathrm{d}a/\mathrm{d}N < 10^{-3}$ mm/周次)的载荷的构件(即应力疲劳)属于这种情况;②裂纹在塑性区内的扩展,承受低循环、高载荷、高裂纹扩展速率($\mathrm{d}a/\mathrm{d}N > 10^{-3}$ mm/周次)的载荷的构件(即应变疲劳)属于这种情况。这里,仅讨论裂纹在弹性区内扩展的表达式。

关于疲劳裂纹的扩展规律,近年来有过许多研究,这些研究大多采用承受单向重复拉伸载荷、具有贯穿或不贯穿裂纹的板,探讨裂纹长度或深度沿着垂直于应力方向扩展速率的规律。在一般情况下,裂纹扩展速率可写成如下表达式:

$$\frac{\mathrm{d}a}{\mathrm{d}N} = f(\sigma, a, c) \tag{5-32}$$

式中:a 为裂纹尺寸;N 为交变应力循环周次;σ 为应力;c 为与材料有关的常数。

为了提出一个 $\mathrm{d}a/\mathrm{d}N$ 与各参量间的定量的数学表达式,研究人员曾从各种角度出发进行了广泛研究,目前 $\mathrm{d}a/\mathrm{d}N$ 表达式已有数十种之多,此处仅介绍最常用的帕里斯表达式。

帕里斯指出,应力强度因子 K 既然能表示裂纹尖端的应力强度,则可以认为 K 值是控制裂纹扩展速率的重要参量,由此提出关于裂纹扩展的半经验公式:

$$\frac{\mathrm{d}a}{\mathrm{d}N} = c\,(\Delta K)^n \tag{5-33}$$

式中：$\Delta K = K_{\max} - K_{\min}$，为应力强度因子范围；$c$、$n$ 为由材料决定的常数。

由于式(5-33)很简洁，并大体适用于各种材料亚临界裂纹扩展试验数据的处理，因而获得相当广泛的应用。根据式(5-33)整理各种材料的大量试验数据发现，各种金属材料的指数 n 在 2～7 的范围内，其中多数材料在 2～4 的范围内。

研究各种金属材料的 $(\mathrm{d}a/\mathrm{d}N)\text{-}\Delta K$ 在双对数坐标上的关系，可发现它不是一条直线，而是由四条不同斜率的直线组成的，如图 5-18 所示。

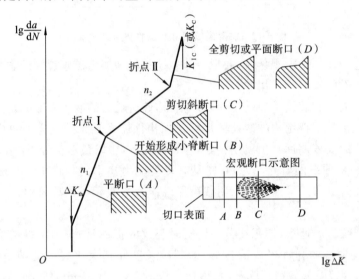

图 5-18　金属材料的 $(\mathrm{d}a/\mathrm{d}N)\text{-}\Delta K$ 曲线和宏观断口形态示意图

当外加应力强度因子范围 ΔK 小于某一界限值 ΔK_{th} 时，裂纹不发生扩展；当 ΔK 达到 ΔK_{th} 时，裂纹扩展率急剧上升，此直线几乎与纵坐标轴平行。ΔK_{th} 称为材料的界限应力强度因子范围，或称为门槛值。这在实际应用中相当有价值，对于某些特殊构件，若欲在使用上控制其裂纹不扩展，则必须限制施加的应力强度因子范围 ΔK 小于 ΔK_{th}（它与材质、环境条件等有关）。

在 ΔK 超过 ΔK_{th} 后，$\mathrm{d}a/\mathrm{d}N$ 是 ΔK 的指数函数，就各种钢材而言，只要其化学成分相同，材料的组织结构、屈服强度、强度极限、形变硬化和温度等对此段直线斜率 n 不产生明显的影响。

5.6.2　测试 $\mathrm{d}a/\mathrm{d}N$ 的原理

1. 应力强度因子范围 ΔK 的表达式

由图 5-18 可见，材料的 $(\mathrm{d}a/\mathrm{d}N)\text{-}\Delta K$ 在双对数坐标上成线性关系。因此，如能求出 ΔK_i 和对应的 $(\mathrm{d}a/\mathrm{d}N)$，把这一组数据画在双对数坐标上，就可获得 $(\mathrm{d}a/\mathrm{d}N)\text{-}\Delta K$ 直线图线。对此直线用作图法或解析法求解或拟合，即可求得裂纹

扩展速率 $\mathrm{d}a/\mathrm{d}N$。

ΔK 可以根据 K 公式求得。K 公式和试件类型有关,测试裂纹扩展速率常用的试件有以下几种。

1)紧凑拉伸(CT)试件

这种试件用料最少,因而得到广泛应用。试件裂纹尖端的应力强度因子表达式为

$$K_{\mathrm{I}} = \frac{P}{BW^{1/2}} f\left(\frac{a}{W}\right), \ 0.3 \leqslant a/W \leqslant 0.7 \tag{5-34}$$

于是

$$\Delta K = \frac{\Delta P}{BW^{1/2}} f\left(\frac{a}{W}\right) \tag{5-35}$$

式中:当 $R>0$ 时,$\Delta P = P_{\max} - P_{\min}$;当 $R \leqslant 0$ 时,$\Delta P = P_{\max}$;B 和 W 分别为试件的厚度和宽度;a 为裂纹长度;$f(a/W)$ 为修正系数。

2)中心穿透裂纹(CCT)试件

这种试件的应力强度因子表达式为

$$K_{\mathrm{I}} = \frac{P}{BW} \sqrt{\pi a} \sqrt{\sec \frac{\pi a}{W}}, \ 2a/W \leqslant 0.8 \tag{5-36}$$

于是

$$\Delta K = \frac{\Delta P}{BW} \sqrt{\pi a} \sqrt{\sec \frac{\pi a}{W}} \tag{5-37}$$

式中:当 $R>0$ 时,$\Delta P = P_{\max} - P_{\min}$;当 $R \leqslant 0$ 时,$\Delta P = P_{\max}$;B 和 W 分别为试件的厚度和宽度;a 为裂纹长度;$\sqrt{\sec \pi a/W}$ 为修正系数。此外,实际构件往往具有不穿透的表面裂纹,在承受交变载荷作用时,裂纹扩展而发生断裂,因此,表面裂纹扩展速率的测定亦应予介绍。

3)表面裂纹拉伸试件

萨-小林解具有较广的 a/B 和 $a/(2c)$ 适用范围,所以常常被采用。应力强度因子经过塑性区修正后的表达式为

$$K_{\mathrm{I}} = \frac{M_{\mathrm{e}} \sigma_{\mathrm{N}} \sqrt{\pi a}}{\sqrt{Q}}, \ a/B \leqslant 0.9 \tag{5-38}$$

式中:M_{e} 为前后表面总的修正系数的乘积;a 为裂纹深度;Q 为裂纹形状因子;σ_{N} 为净截面上的平均应力,即

$$\sigma_{\mathrm{N}} = \frac{P}{BW} \cdot \frac{BW}{BW - \pi ac/2} \tag{5-39}$$

式中:P 为作用的载荷;B 和 W 分别为试件的厚度和宽度;a 和 c 分别为裂纹的深度和半长。令截面修正系数 M_{A} 为

$$M_A = \frac{BW}{BW - \pi ac/2} \tag{5-40}$$

则

$$K_I = M_e M_A \cdot \frac{P}{BW} \sqrt{\frac{\pi a}{Q}} \tag{5-41}$$

于是

$$\Delta K = M_e M_A \cdot \frac{\Delta P}{BW} \sqrt{\frac{\pi a}{Q}} \tag{5-42}$$

式中：当 $R>0$ 时，$\Delta P = P_{max} - P_{min}$；当 $R \leqslant 0$ 时，$\Delta P = P_{max}$。

在试验过程中，交变载荷范围 ΔP 是恒定值，所以只要知道某一瞬时试件的裂纹尺寸 a，即可计算该瞬时的 ΔK_i 值。

计算 da/dN，需要绘制 $a\text{-}N$ 曲线，N 是疲劳循环的周次，可由试验机上计数器直接读出；如何测出某一瞬时 N_t 所对应的 a_t，这是测试 da/dN 的关键。目前研究人员已提出许多测量 a 值的方法，在下节将进行详细介绍。

2. 试件尺寸

试件厚度是基于试件屈曲和穿透裂纹尖端曲率来考虑的。CT 试件的厚度建议为

$$W/20 \leqslant B \leqslant W/4 \tag{5-43}$$

但采用这种试件得到的数据，常常需要对穿透裂纹曲率做必要的修正，裂纹曲率的修正量是平均裂纹长度和试验时记录下来的相应裂纹长度之差。

CCT 试件的厚度建议为

$$W/20 \leqslant B \leqslant W/8 \tag{5-44}$$

CCT 试件所必要的最小厚度是为了避免过度的横向挠曲和屈曲，并规定弯曲应变不得超过名义应变的 5%。

对试件长度的要求如下。

对于拉-拉加载：

$$W \leqslant 75 \text{ mm}, l \geqslant 2W; \quad W > 75 \text{ mm}, l \geqslant 1.5W \tag{5-45}$$

对于拉-压加载：

$$l \geqslant 1.2W \tag{5-46}$$

式中：l 为加载销之间的距离。

5.6.3 测试裂纹长度 a 的一些方法

1. 穿透裂纹

1）表面直读法

这是最简单最常用的方法之一。试件较薄时可用此法。试验前，在试件两个外表面上画等间距（根据需要可划分为 0.5 mm、1.0 mm、2.0 mm 等）的刻线，如

图 5-19 所示。试验时,试件承受交变载荷,循环周次 N_i 可以由疲劳试验机上计数器读出;读取 N_i 的同时,用读数显微镜直接测出两个外表面上的裂纹长度,取其平均值作为该循环周次 N_i 所对应的裂纹长度 a_i,从而可以测得一组对应的 a 和 N 的数值,绘制 $a\text{-}N$ 曲线,如图 5-20 所示。

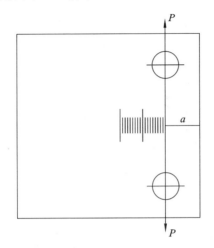

图 5-19　紧凑拉伸试件上的刻线

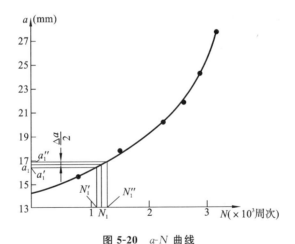

图 5-20　$a\text{-}N$ 曲线

2）柔度法

因为无量纲柔度 $BE\Delta/P$ 是相对裂纹长度 a/W 的函数。在一定循环周次 N_i 后,测量试件的柔度 $BE\Delta_i/P_i$,再通过 $(BE\Delta/P)\text{-}a/W$ 柔度标定曲线(图 5-21)反求 a_i/W 值,从而可以测得一组相对应的 $a\text{-}N$ 数值。

柔度标定曲线是一组形状相间、裂纹长度不等的试件,在弹性范围内进行静力拉伸,绘制的 $P\text{-}\Delta$ 曲线(图 5-22)。求 $P\text{-}\Delta$ 曲线中的各直线斜率的倒数,乘以 BE,

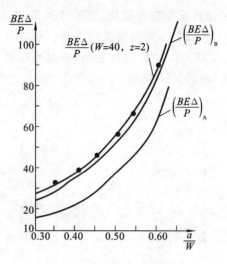

图 5-21　柔度标定曲线

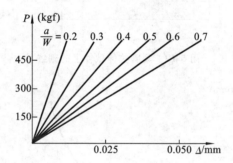

图 5-22　P-Δ 曲线

根据 $BE\Delta/P$ 和对应的 a/W 绘制柔度标定曲线。

对于紧凑拉伸试件(图 5-23),当夹式引伸计放置在加载线 A—A 上时,有

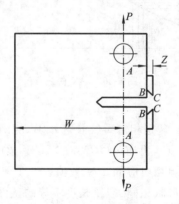

图 5-23　紧凑拉伸试件

$$\left(\frac{BE'\Delta}{P} \right)_A = \varphi_1 \left(\frac{a}{W} \right) \tag{5-47}$$

式中:在平面应力状态时,$E' = E$;在平面应变状态时,$E' = E/(1 - v^2)$。

如引伸计放置在外表面 B—B 上,则有

$$\left(\frac{BE'\Delta}{P} \right)_B = \varphi_2 \left(\frac{a}{W} \right) \tag{5-48}$$

如引伸计放置在厚为 z 的刀口上,则有

$$\frac{BE'\Delta}{P} = \left(\frac{BE'\Delta}{P} \right)_B + \frac{4z}{W} \left[\left(\frac{BE'\Delta}{P} \right)_B - \left(\frac{BE'\Delta}{P} \right)_A \right] \tag{5-49}$$

对于中心裂纹试件(图 5-24),则有

$$\frac{BE'\Delta}{P} = \frac{lE'}{WE} + \frac{4}{\pi} \left[\left(\frac{\pi a}{W} \right)^2 + \frac{1}{4} \left(\frac{\pi a}{W} \right)^4 + \frac{5}{72} \left(\frac{\pi a}{W} \right)^6 \right] \tag{5-50}$$

式中:W、l、a 的定义如图 5-24 所示;在平面应力状态下,$E' = E$;在平面应变状态下,$E' = E/(1 - v^2)$。

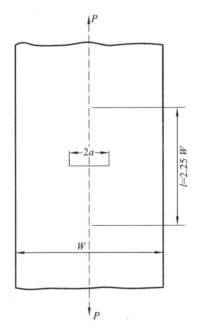

图 5-24　中心裂纹试件

2. 表面裂纹

1)直读法

从裂纹长度不等的标定试件上,可以测到不同裂纹深度 a_i 和对应的裂纹长度 $2c_i$,从而可以得到 a 和 $2c$ 间的关系,绘出 a-$2c$ 曲线(图 5-25)。在试件初始裂纹长度 $2c_0$ 两端外,每隔 1 mm 各划一条刻线。在恒定的拉-拉交变载荷范围 ΔP 内进行

加载。循环周次 N_i 可以从疲劳试验机的计数器上读出；读取 N_i 的同时，用读数显微镜读出裂纹长度 $2c_i$。根据 $a\text{-}2c$ 曲线，可以查出与裂纹长度 $2c_i$ 相应的裂纹深度 a_i，从而可以绘制 $a\text{-}N$ 曲线。

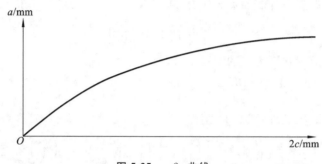

图 5-25　$a\text{-}2c$ 曲线

2）勾线法

预裂试件在恒定的拉-拉应力比 $R=\sigma_{max}/\sigma_{min}$ 下循环 N_1 周次后，将最大载荷降低三分之一，仍保持同样的应力比，继续循环到 N_2 周次，再将交变载荷增大到最大值继续循环到 N_3 周次，又降低载荷循环到 N_4 周次，如此反复进行 6～10 次。裂纹面在对向交变载荷作用下的扩展面间留有迹线（图 5-26），这种留痕的方法称为勾线法，亦称为疲劳条痕法。在裂纹穿透试件后，将试件拉断，用读数显微镜测量对应于 N_i 的 a_i 和 $2c_i$ 值，从而绘制 $a\text{-}N$ 曲线。

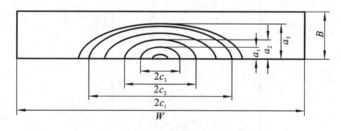

图 5-26　断口上勾线示意图

测试裂纹深度 a 和循环周次 N 间关系的方法还有断裂法和 COD 法等，可参阅有关资料。

5.6.4　试验程序

1. 试验前的准备

确定试件类型，取样、机械加工后，进行热处理，再精加工，使表面粗糙度达到 $Ra\,0.8$ 级别。切口加工可以采用电火花、铣切或钻孔等方法。疲劳试验装置应使试件切口载荷分布对称。配备一台 20～50 倍显微镜，以测量裂纹长度。用读数显微镜和柔度法分别测两表面的初始裂纹长度 a_0。如果两者不等，有差值，则在以后用柔度法测试时,所求得的每个 a_i 值都需加上这个差值。在裂纹前方用划线工具分划 0.1 mm、1 mm 或 2 mm 的等间距线。有条件时,在试件上粘贴精密照相格栅或聚酯层刻度,再粘贴刀口。每组试件以 6 个较为适宜。

2. 试验要求

在整个试验过程中,应使 ΔP 和 P_{tmax} 的偏差均控制在 $\pm 2\%$ 以内。载荷应逐渐增加,确保 P_{tmax} 是增大的而不是减小的,以消除过载峰的影响。在一定的循环周次后,用准确的计数装置校正计数。用目测、柔度法或自动记录等方法测量疲劳裂纹长度,测量精确度不小于 0.10 mm。用目测法或柔度法测量时,最好在不中断试验的情况下进行。若需中断试验进行测量,则应满足下列条件:中断时间应该减至最少(少于 10 min);为增加裂纹尖端的清晰度可以加静载,但不得引起裂纹伸长或蠕变变形。测量裂纹扩展的间隔时,有如下建议。

对于 CT 试件:$0.25 \leqslant a/W < 0.4$ 时,采用 $\Delta a \leqslant 0.04W$;$0.4 \leqslant a/W < 0.6$ 时,采用 $\Delta a \leqslant 0.02W$;$a/W \geqslant 0.6$ 时,采用 $\Delta a \leqslant 0.01W$。

对于 CCT 试件:$2a/2W \leqslant 0.6$ 时,采用 $\Delta a \leqslant 0.03W$;$2a/2W > 0.6$ 时,采用 $\Delta a \leqslant 0.02W$。

在目测裂纹长度时,对 $B/W \leqslant 0.15$ 的试件,只需要在试件一面测量裂纹长度;对 $B/W > 0.15$ 的试件,则要在试件的前、后两面测量,取平均值(CT 试件取两个数的平均值,CCT 试件取四个数的平均值)。

如果长期间断试验,则当间断后的裂纹扩展速率比间断前的小时,此数据应该作废。若试验中任何一点的裂纹面与试件对称平面的偏离角度大于 $5°$,则所得的数据无效。在给定循环周次上的任何两个穿透裂纹长度(在试件前、后两面测量)差值超过 0.02W 或 0.25B 中较小的一个时,其数据无效。

3. 试验结果的处理和计算

1) 裂纹前缘曲率的修正

试验结束后,检查断口表面,在预制裂纹和极限疲劳裂纹长度两位置确定裂纹前缘曲率范围,计算其平均裂纹长度。如果裂纹线条是明显的,则计算 6 个平均裂纹长度。平均裂纹长度和试验时记录的相应裂纹长度的差就是裂纹前缘曲率的修正量。

如果裂纹前缘曲率修正结果在任何裂纹长度上计算应力强度因子相差大于 5%,则在分析试验记录数据时应该进行修正。

如果裂纹前缘曲率修止量不是一个恒定值,它随裂纹伸长单调地增加或减少,则应采用线性内插法修正中间的数据点。

2) 裂纹扩展速率 da/dN 的计算

根据裂纹长度 a 和相应的循环周次 N,绘制 a-N 曲线(或自动记录的 a-N 曲线),可采用解析法或割线法来确定 da/dN。

应力强度因子范围 ΔK 按式(5-35)计算。

把计算的 (da/dN) 和相应的 (dK) 值在双对数坐标中描点作图,再用作图法或解析法计算裂纹扩展速率。

4. 裂纹扩展速率 da/dN 的测定

(1) 在固定 R、不变的 ΔP 下疲劳循环一定周次 N_1 后,测量 a_1,可得对应的数据 (a_1,N_1);继续疲劳循环(在裂纹扩展后期,根据 a_i 读取 N_i),得到一组对应的数据 (a_1,N_1)、(a_2,N_2)、$\cdots$、(a_i,N_i)、$\cdots$。试验进行到试件断裂为止,记录试件断裂时的循环次数 N_t。

(2) 如初始 ΔP 值选得过大,致使测了 $7\sim 8$ 个点后,ΔP 达不到原来的值,则可降低 ΔP 值而保持原有的应力比 R,再进行试验,直到试件断裂。

(3) 绘制 $a\text{-}N$ 曲线。如试验是在两个 ΔP 下进行的,则分别绘制 $a\text{-}N$ 曲线。

(4) 求 da/dN 可采用最简单的中值法(割线法)。在 $a\text{-}N$ 曲线上任选一组 a 值(不一定是实测的 a 值,一般取等间距的整数),在 a_1 左右取两点 $a''_1 = a_1 + \Delta a/2$,$a'_1 = a_1 - \Delta a/2$(图 5-27),从而可找到对应的 N''_1 和 N'_1,则 $(da/dN)_1 = (\Delta a/\Delta N)_1 = (a''_1 - a'_1)/(N''_1 - N'_1)$。同样,逐点 $(a_2、a_3、\cdots、a_i、\cdots)$ 计算,可得一组 $(da/dN)_2$、$(da/dN)_3$、$\cdots$、$(da/dN)_i$、$\cdots$ 值。

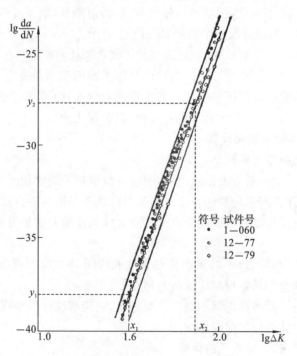

图 5-27　$\lg(da/dN)\text{-}\lg\Delta K$ 曲线

(5) 将所选用的交变载荷范围 ΔP 和 a_i 值代入所选试件类型相应的 ΔK 公

式,逐点计算可得一组$(da/dN)_i$和对应的ΔK_i值。

(6) 把所有的ΔK_i和$(da/dN)_i$值取对数,并将其画在以$x = \lg \Delta K$为横坐标、$y = \lg(da/dN)$为纵坐标的图上。因测一种材料的da/dN需用多个试件,可将所有试件的数据画在同一图(图 5-27)上,从而获得一条分散带,由一段、二段或三段构成(图 5-27 所示为一段),这取决于试件宽度和最大疲劳载荷等因素,可用作图法或最小二乘法求(da/dN)-ΔK间的关系。

思　考　题

1. 为何说断裂韧度参量K比传统的韧度指标具有较大的优越性?

2. 常用的断裂韧度参量有哪些?

3. 裂纹扩展的能量理论主要有哪些?

4. 简述平面应变断裂韧度K_{Ic}的测试原理及方法。

5. 简述表面裂纹断裂韧度K_{Ie}的测试原理及方法。

6. 平面应力断裂韧度K_c测量的 COD 法和R曲线法有什么异同点?

7. 简述临界裂纹尖端张开位移δ_c的测试方法。

参　考　文　献

[1] 崔振源. 断裂韧性测试原理和方法[M]. 上海:上海科学技术出版社, 1981.

[2] 张安哥,朱成九,陈梦成. 疲劳、断裂与损伤[M]. 成都:西南交通大学出版社, 2006.

[3] 郦正能. 应用断裂力学[M]. 北京:北京航空航天大学出版社, 2012.

[4] 李永东. 理论与应用断裂力学[M]. 北京:兵器工业出版社, 2005.

[5] 杨新华,陈传尧. 疲劳与断裂[M]. 2 版. 武汉:华中科技大学出版社, 2018.

[6] 丁遂栋. 断裂力学[M]. 北京:机械工业出版社, 1997.

第6章 J 积分原理及其判据

在弹塑性条件下,由于裂纹尖端出现了一定范围的塑性区,因此想要得到裂纹尖端区的弹塑性应力场的封闭解是相当困难的。为了克服直接求解裂纹尖端区应力场的困难,Cherepanov(1967)与 Rice(1968)各自独立地提出了一种与积分路径无关的 J 积分,用于综合度量裂纹尖端应力应变场强度。这种方法巧妙地利用远处的应力场和位移场的线积分来描述裂纹尖端的力学特性,从而将断裂力学的适用范围由线弹性固体拓展到无卸载的小变形弹塑性固体,对弹塑性断裂力学的发展起到重要作用。

6.1 J 积分的定义

将问题限于以下条件:①平面问题;②线性几何关系;③存在应变能密度;④无体力。考虑图 6-1 所示的二维裂纹体,围绕裂纹尖端取任意光滑封闭回路:由裂纹下表面任意点开始,按逆时针方向沿环向裂纹尖端行进,终止于上表面任意一点。则 J 积分定义为下述回路积分:

$$J = \int_{\Gamma} \left(W \mathrm{d}y - T_i \frac{\partial u_i}{\partial x} \mathrm{d}s \right) \tag{6-1}$$

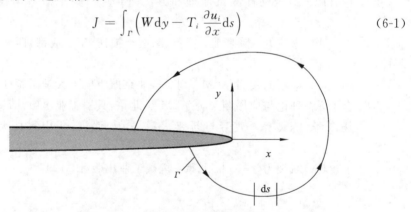

图 6-1　J 积分的积分路径

式中:Γ 是由裂纹下表面某点到裂纹上表面某点的简单的积分路径;T_i 是作用于积分回路单位周长上的主应力;u_i 是积分回路边界上的位移分量;$\mathrm{d}s$ 是积分回路线的弧长;W 是弹塑性应变能密度。

这里,弹塑性应变能密度 W 为

$$W = \int_0^{\varepsilon_{ij}} \sigma_{ij} \, \mathrm{d}\varepsilon_{ij} \tag{6-2}$$

作为应变分量的函数,应变能密度与应力分量、应变分量有如下关系:

$$\sigma_{ij} = \frac{\partial W}{\partial \varepsilon_{ij}} \tag{6-3}$$

这一关系适用于无卸载的小变形弹塑性固体。

6.2　J 积分的守恒性

对于定义的 J 积分式(6-1),如果裂纹的上表面、下表面和 Γ 曲线所围的区域不含位移、应变和应力场的奇异点,则

$$J = 0 \tag{6-4}$$

否则,J 为与 Γ 的选择无关的常量,即具有守恒性:

$$J = 常数 \tag{6-5}$$

下面分情况给出证明。

6.2.1　计算沿闭合回路 Γ^* 的 J 积分

对于裂纹的上表面、下表面和 Γ 曲线所围的区域不含位移、应变和应力场奇异点的情形,J 积分可以表示为

$$J^* = \oint \left(W\mathrm{d}y - T_i \frac{\partial u_i}{\partial x}\mathrm{d}s \right) \tag{6-6}$$

根据格林公式将上述等式转换成图 6-2 所示面积 A^* 的积分:

$$J^* = \oint \left[\frac{\partial W}{\partial x} - \frac{\partial}{\partial x_j}\left(\sigma_{ij} \frac{\partial u_i}{\partial x} \right) \right]\mathrm{d}x\mathrm{d}y \tag{6-7}$$

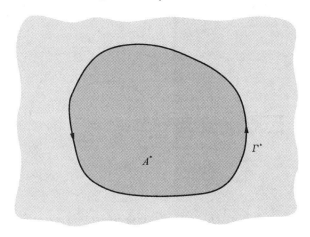

图 6-2　二维闭合回路 Γ^*

根据应变能密度公式(式(6-3))以及弹性材料小变形假设理论,可得到

$$\frac{\partial W}{\partial x} = \frac{\partial W}{\partial \varepsilon_{ij}} \frac{\partial \varepsilon_{ij}}{\partial x} = \sigma_{ij} \frac{\partial \varepsilon_{ij}}{\partial x} \tag{6-8}$$

及

$$\frac{\partial W}{\partial x} = \frac{1}{2}\sigma_{ij}\left[\frac{\partial}{\partial x}\left(\frac{\partial u_i}{\partial x_j}\right) + \frac{\partial}{\partial x}\left(\frac{\partial u_j}{\partial x_i}\right)\right] = \sigma_{ij}\frac{\partial}{\partial x_j}\left(\frac{\partial u_i}{\partial x}\right) \tag{6-9}$$

因为 $\sigma_{ij} = \sigma_{ji}$，根据平衡条件，有

$$\frac{\partial \sigma_{ij}}{\partial x_j} = 0 \tag{6-10}$$

得到

$$\sigma_{ij}\frac{\partial}{\partial x_j}\left(\frac{\partial u_i}{\partial x}\right) = \frac{\partial}{\partial x_j}\left(\sigma_{ij}\frac{\partial u_i}{\partial x}\right) \tag{6-11}$$

综合式(6-8)、式(6-9)、式(6-11)得到

$$\frac{\partial W}{\partial x} - \frac{\partial}{\partial x_j}\left(\sigma_{ij}\frac{\partial u_i}{\partial x}\right) = 0 \tag{6-12}$$

即

$$J^* = \oint\left[\frac{\partial W}{\partial x} - \frac{\partial}{\partial x_j}\left(\sigma_{ij}\frac{\partial u_i}{\partial x}\right)\right]\mathrm{d}x\mathrm{d}y = 0 \tag{6-13}$$

从而证明了对于任何二维闭合回路，J 积分都等于零。

6.2.2　计算沿任意闭合回路的 J 积分

对于任意闭合回路，取图 6-3 所示的复合回路进行 J 积分计算。裂纹尖端附近任意回路 Γ_1 和 Γ_3 通过断裂面边界 Γ_2 和 Γ_4 连接。在裂纹面，$T_i = \mathrm{d}y = 0$，这样 $J_2 = J_4 = 0$ 而 $J_1 = -J_3$，即

$$J = J_1 + J_2 + J_3 + J_4 = 0 \tag{6-14}$$

因此，对于任意（逆时针方向）围绕裂纹尖端的路径，其 J 积分都相同，而与路径无关。

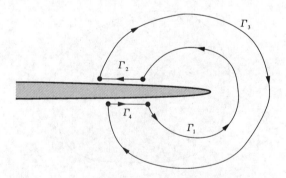

图 6-3　由 Γ_1、Γ_3、Γ_2 和 Γ_4 围绕裂纹尖端区域形成的闭合回路

6.3　线弹性状态下 J 积分与能量释放率、应力强度因子的关系

6.3.1　J 积分与能量释放率的关系

对于二维问题，只取单位厚度的物体，Γ' 是外边界，A' 是物体占有区域，图

6-4中的坐标系是固定在裂纹尖端的直角坐标系。在准静态和没有体力作用的条件下,裂纹体的总势能为

$$\Pi = \oint W \, \mathrm{d}A - \oint T_i u_i \, \mathrm{d}s \tag{6-15}$$

这里,Γ' 是主应力作用的部分路径。裂纹扩展导致的总势能变化为

$$\frac{\mathrm{d}\Pi}{\mathrm{d}a} = \oint \frac{\mathrm{d}W}{\mathrm{d}a} \, \mathrm{d}A - \oint T_i \frac{\mathrm{d}u_i}{\mathrm{d}a} \, \mathrm{d}s \tag{6-16}$$

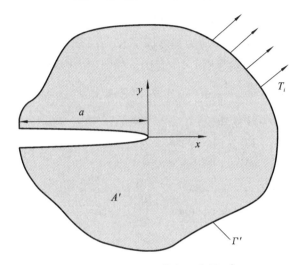

图 6-4　二维裂纹体包围曲线 Γ'

因为整个积分区域内位移与主应力是不变的,所以有 $\dfrac{\mathrm{d}u_i}{\mathrm{d}a} = \dfrac{\mathrm{d}T_i}{\mathrm{d}a} = 0$。坐标轴随裂纹增长而移动时,$\Gamma'$ 对裂纹长度 a 的导数可以写成

$$\frac{\mathrm{d}}{\mathrm{d}a} = \frac{\partial}{\partial a} + \frac{\partial x}{\partial a} \frac{\partial}{\partial x} = \frac{\partial}{\partial a} - \frac{\partial}{\partial x} \tag{6-17}$$

又因为 $\dfrac{\partial x}{\partial a} = -1$,将结果代入式(6-16)得到

$$\frac{\mathrm{d}\Pi}{\mathrm{d}a} = \oint \left(\frac{\partial W}{\partial a} - \frac{\partial W}{\partial x} \right) \mathrm{d}A - \oint T_i \left(\frac{\partial u_i}{\partial a} - \frac{\partial u_i}{\partial x} \right) \mathrm{d}s \tag{6-18}$$

同理,根据式(6-8)可以得到

$$\frac{\partial W}{\partial a} - \frac{\partial W}{\partial \varepsilon_{ij}} \frac{\partial \varepsilon_{ij}}{\partial a} = \sigma_{ij} \frac{\partial}{\partial x_j} \left(\frac{\partial u_i}{\partial a} \right) \tag{6-19}$$

采用虚功原理,有

$$\oint \sigma_{ij} \frac{\partial}{\partial x_j} \left(\frac{\partial u_i}{\partial a} \right) \mathrm{d}A = \oint T_i \frac{\partial u_i}{\partial a} \, \mathrm{d}s \tag{6-20}$$

这里消除了式(6-18)中线性积分中的一项,从而

$$\frac{\mathrm{d}\Pi}{\mathrm{d}a} = \oint T_i \frac{\partial u_i}{\partial x} \mathrm{d}s - \oint \frac{\partial W}{\partial x} \mathrm{d}A \tag{6-21}$$

应用格林公式,并且两边同时乘以 -1 得到

$$-\frac{\mathrm{d}\Pi}{\mathrm{d}a} = \oint \left(W n_x - T_i \frac{\partial u_i}{\partial x} \right) \mathrm{d}s = \oint \left(W \mathrm{d}y - T_i \frac{\partial u_i}{\partial x} \mathrm{d}s \right) \tag{6-22}$$

因为 $n_x \mathrm{d}s = \mathrm{d}y$,所以 J 积分与能量释放率等价。在准静态的情况下,式(6-22)对线性与非线性弹性状态都成立。

6.3.2　J 积分与应力强度因子的关系

对于线弹性材料,J 积分与应力强度因子 K_3 有简单的关系。这里讨论平面应变问题。取 Γ 为以裂纹尖端为圆心、半径为 r 的圆周。弹性应变能密度为

$$W = \frac{1}{2}\sigma_{ij}\varepsilon_{ij} = \frac{(1+\upsilon)}{2E}\left[(1-\upsilon)(\sigma_x^2 + \sigma_y^2) - 2\upsilon\sigma_x\sigma_y + 2\tau_{xy}^2 \right] \tag{6-23}$$

利用前面尖端应力场的知识,有

$$W = \frac{K_3^2}{2\pi r}\frac{(1+\upsilon)}{E}\left[\cos^2\frac{\theta}{2}\left(1 - 2\upsilon + \sin^2\frac{\theta}{2} \right) \right] \tag{6-24}$$

又有

$$\begin{cases} \sigma_{xx} = \sigma_x\cos\theta + \tau_{xy}\sin\theta = \dfrac{K_3}{\sqrt{2\pi r}}\dfrac{1}{2}\cos\dfrac{\theta}{2}(3\cos\theta - 1) \\[3mm] \sigma_{yy} = \tau_{xy}\cos\theta + \sigma_y\sin\theta = \dfrac{K_3}{\sqrt{2\pi r}}\dfrac{3}{2}\cos\dfrac{\theta}{2}\sin\theta \end{cases} \tag{6-25}$$

$$\begin{cases} u_x = \dfrac{K_3}{\mu}\sqrt{\dfrac{r}{2\pi}}\sin\theta\left(3 - 2\upsilon - \sin^2\dfrac{\theta}{2} \right) \\[3mm] u_y = \dfrac{K_3}{\mu}\sqrt{\dfrac{r}{2\pi}}\cos\theta\left(-2\upsilon + \cos^2\dfrac{\theta}{2} \right) \end{cases} \tag{6-26}$$

注意到

$$\frac{\partial}{\partial x} = \cos\theta\frac{\partial}{\partial r} - \sin\theta\frac{1}{r}\frac{\partial}{\partial\theta} \tag{6-27}$$

将式(6-24)至式(6-26)代入式(6-1),得到

$$J = \frac{(1-\upsilon^2)}{E}K_3^2 \tag{6-28}$$

注意到能量释放率公式

$$G = K_3^2\frac{(1-\upsilon^2)}{E} \tag{6-29}$$

比较式(6-28)与式(6-29)再次证明

$$J = G \tag{6-30}$$

6.4 J 积分和 CTOD 的关系

由于裂纹尖端塑性区的存在,裂纹面上临近裂纹尖端的两侧将发生相对位移。在纯Ⅰ型问题中,这就是裂纹尖端的张开位移,简称 CTOD,记作 δ 。裂纹尖端的张开位移表示前缘领域因裂纹存在而产生的位移间断的强弱程度。因此,将 CTOD 数值 δ 作为衡量裂纹扩展能力的参数具有明确的物理意义。

在线弹性状态下,J 积分与 CTOD 的关系为

$$J = \beta\delta\sigma_{ys} \tag{6-31}$$

式中:β 是由应力状态与材料属性决定的无量纲常数;σ_{ys} 是材料屈服强度。

考虑裂纹尖端带状屈服区域,如图 6-5 所示,应力沿着裂纹面,Γ 为积分边界。损伤区域又细又长($\rho \gg \delta$),这样 $dy = 0$ 。又因为主应力方向沿着 y 轴方向,使得 $n_y = 1$ 和 $n_x = n_z = 0$,得到

$$J = \oint \sigma_{yy} \frac{\partial u_y}{\partial x} ds \tag{6-32}$$

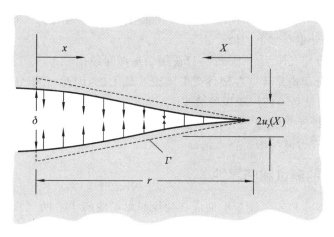

图 6-5   裂纹尖端带状屈服区积分边界

设定将原点放在带状屈服区顶点的新坐标系,$X = \rho - x$ 。对于定值 δ ,σ_{yy} 和 u_y 仅与 X 有关,假设 ρ 远小于裂纹体尺寸,那么 J 积分就可以写成

$$J = 2\int_0^\rho \sigma_{yy}(X)\left(\frac{du_y(X)}{dX}\right)dX = \int_0^\delta \sigma_{yy}(\delta)d\delta \tag{6-33}$$

这里 $\delta = 2u_y(X = \rho)$,带状屈服模型在塑性区有 $\sigma_{yy} = \sigma_{ys}$,所以 J-δ 的关系式为

$$J = \sigma_{ys}\delta \tag{6-34}$$

可见在带状屈服模型中,平面应力状态下,假设 $\beta = 1$,式(6-34)将同时满足线弹性与弹塑性材料。

6.5　J 积分准则

综合前面的分析,可以看出非线性材料的 J 积分具有 3 个重要性质:

(1) J 积分是一种守恒积分,它与路径无关,可以选择远离裂纹尖端的路径求得精确解;

(2) J 积分等于能量释放率 G;

(3) J 积分与 K_3 及 δ 有定量关系。

因此,J 积分可以作为弹塑性材料裂纹起始扩展准则,即当

$$J = J_{IC} \tag{6-35}$$

时,裂纹便开始扩展。式中: J_{IC} 为材料平面应变断裂韧度。

对于给定厚度的薄板材料,当 J 积分达到临界值 J_C,即当

$$J = J_C \tag{6-36}$$

时,裂纹开始扩展。J_{IC}、J_C 代表材料性能,须由实验确定。

J 积分作为弹塑性材料裂纹起始扩展准则具有相当严密的理论基础和明确的物理意义。自 20 世纪 70 年代以来,J 积分准则受到国际学术界广泛重视。

但是 J 积分也有如下的缺点:

(1) J 积分定义限于二维情况,只适用于平面问题;

(2) J 积分理论是建立在塑性变形理论基础上的,因此,J 积分原则上不能用于卸载情况,也就是不能用于扩展裂纹。

有限元分析表明,J 积分作为单参数只是在一定条件下可以有效地表征裂纹尖端的弹塑性应力应变场。

6.6　J 积分的测试和临界性

ASTM E813 规定了测定平面应变裂纹起始扩展的 J_{IC} 的试验方法。标准试验推荐两种试样:三点弯曲试样和紧凑拉伸深裂纹试样。试样厚度 $B = 0.5W$,$\frac{a}{W}$ 满足如下条件:

$$0.5 < \frac{a}{W} < 0.75 \tag{6-37}$$

深裂纹是单试样测定 J_{IC} 所要求的。而 $\frac{a}{W} < 0.75$ 则是为了保证韧带尺寸 b 能够满足平面应变条件:

$$b, B > 25J_{IC}/\sigma_{ys} \tag{6-38}$$

否则,试样尺寸 W 就要取得很大。譬如选取 $\frac{a}{W} = 0.9$,则 $\frac{b}{W} = 0.1$,

$$W = 10b > 250J_{IC}/\sigma_{ys} \tag{6-39}$$

对于三点弯曲试样,试样跨度 L 满足

$$L = 4.5W > 1125J_{1c}/\sigma_{ys} \tag{6-40}$$

这样试样尺寸对中低强度钢会显得相当大。

应该强调指出,对于平面应变 J_{1c} 测试,尺寸比平面应变 K_{1c} 尺寸要求小很多。事实上,对于弹性材料,有

$$J_{1c} = \frac{K_{1c}^2(1 - v^2)}{E} \tag{6-41}$$

将式(6-41)代入式(6-38)得到

$$b, B > 25\frac{\sigma_{ys}}{E}(1 - v^2) \times \left(\frac{K_{1c}^2}{\sigma_{ys}}\right)^2 \tag{6-42}$$

对于中低强度钢,由式(6-41)、式(6-42)及 K_{1c} 可以看出 J_{1c} 试样尺寸要比 K_{1c} 试样尺寸小 40 倍。

在测试过程中,试样通常会有一定程度的稳态扩展。试验终止后,通过热处理染色或疲劳裂纹扩展再打断试样可以测出稳态裂纹扩展量 Δa。

ASTM E813 试验标准将 J 积分为两部分:

$$J = J_{el} + J_{pl} \tag{6-43}$$

式中: J_{el} 是弹性应变的贡献,即

$$J_{el} = \frac{K_3^2(1 - v)}{E} \tag{6-44}$$

式中: K_3 是根据载荷及裂纹几何按线弹性理论确定的应力强度因子。

J_{pl} 根据载荷-位移曲线下的塑性面积 A_{pl}(塑性功)计算得到:

$$J_{pl} = \frac{\eta}{b}A_{pl} \tag{6-45}$$

式中: η 是量纲为 1 的常数,即

$$\eta = \begin{cases} 2, \text{对于三点弯曲试样} \\ \dfrac{2(1 + \beta)}{1 + \beta^2}, \text{对于紧凑拉伸试样} \end{cases} \tag{6-46}$$

图 6-6 显示了单位厚度试样所耗散的塑性功 A_{pl}。

对于 J_{1c} 的试验测定,式(6-45)中的 b 是试样初始的韧带尺寸,图 6-7 是通过试验资料整理而得的 J 积分与物理裂纹扩展长度关系曲线。J 积分由式(6-45)算得,而物理裂纹扩展量 Δa 是由载荷-位移曲线上"在位点"通过部分卸载得到"在位点"的试样柔度反推得到的。

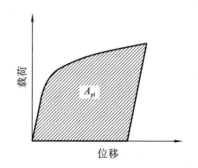

图 6-6　单位厚度试样所耗散的塑性功 A_{pl}

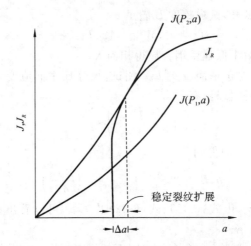

图 6-7　J 积分与物理裂纹扩展长度关系曲线

严格计算 J_R 时,需要考虑裂纹扩展的影响而用瞬时的韧带尺寸 b 代替初始时刻的韧带尺寸,因此式(6-45)需要依次一步一步地计算。

J-Δa 曲线通常可以用幂次曲线表示:

$$J = c_1 (\Delta a)^{c_2} \tag{6-47}$$

在 J-Δa 曲线上,作 $\Delta a = 0.2$ mm 且与裂纹尖端钝化曲线相平行的偏置线,该线与 J-Δa 曲线的交点看作裂纹起始扩展点。偏置线的斜率是 $2\sigma_{ys}$,也就是说裂纹钝化曲线的方程为 $J = 2\sigma_{ys}\Delta a$ 。依照 Dugdale 模型,裂纹尖端张开位移为

$$\delta = \frac{J}{\sigma_{ys}} \tag{6-48}$$

设想裂纹起始扩展前,物理裂纹扩展量 Δa 是裂纹尖端张开位移的一半,因此

$$J = 2\sigma_{ys} (\Delta a)_{\text{钝化}} , (\Delta a)_{\text{钝化}} = \frac{J}{2\sigma_{ys}} \tag{6-49}$$

由此测得的 J_Q 值将被定为材料平面应变裂纹起始扩展的临界值 J_{IC},如果下列尺寸要求得以满足:

$$B, b_0 \geqslant 25J_Q/\sigma_{ys} \tag{6-50}$$

此外,ASTM E813 试验标准还规定,所有用作有效数据的点,必须落在 $\Delta a = 0.15$ mm 及 $\Delta a = 1.5$ mm 两条与裂纹钝化曲线相平行的偏置线之间。

6.7　J 积分与弹塑性断裂力学的发展

随着弹塑性断裂力学的研究进展,前面介绍的基于四个限制性条件的 J 积分得到了进一步拓展,主要表现为:①J 积分由平面问题拓展为三维问题,J 积分随着前缘曲线点的位置变化而变化;②J 积分可以推广到几何非线性问题,即采用格林应变,而不采用小变形应变,相应地不采用柯西方程,这样的 J 积分仍具有守恒

性;③对于无应变能密度的模型介质,也存在积分守恒,即存在不受本构关系限制的积分守恒;④可以考虑纳入体力,修正地引入 J 积分。

虽然近些年来,弹塑性断裂力学已经发展了一系列判据,但 J 积分除了可以计算、测试和具有临界性以外,还具有能量意义以及与裂纹前缘应力场和位移场有关的性质,因此 J 积分仍然是求解弹塑性断裂问题的首选判据,对弹塑性断裂力学具有重要作用。

思　考　题

1. 试述发展弹塑性断裂力学的必要性。

2. 证明 J 积分的守恒性。

3. J 积分判据存在哪些应用的限制?

4. 在弹塑性条件下 J 积分与 CTOD 有什么关系?

5. 非线性材料的 J 积分具有哪些重要性质?

6. J 积分的常见测试试样和方法有哪些?

参 考 文 献

[1]　张晓敏,万玲,严波,等. 断裂力学[M].北京:清华大学出版社,2012.

[2]　张慧梅.断裂力学[M].徐州:中国矿业大学出版社,2018.

[3]　臧启山,姚戈.工程断裂力学简明教程[M].合肥:中国科学技术大学出版社,2014.

[4]　杨新华,陈传尧. 疲劳与断裂[M].2 版.武汉:华中科技大学出版社,2018.

[5]　郦正能.应用断裂力学[M].北京:北京航空航天大学出版社,2012.

[6]　程靳,赵树山. 断裂力学[M].北京:科学出版社,2006.

[7]　李庆芬.断裂力学及其工程应用[M].哈尔滨:哈尔滨工程大学出版社,1998.

[8]　庄茁.工程断裂与损伤[M].北京:机械工业出版社,2004.

第7章　复合材料板断裂

复合材料在工程实际中的应用非常广泛,其中层合粘接型板复合材料是主要结构之一。多种材料的粘接,会形成材料的界面,研究其在线弹性范围内的断裂问题是复合材料安全应用的重要依据。本章将介绍各向异性线弹性体本构关系及相关断裂理论,提出界面裂纹应力强度因子,并介绍板弯曲断裂计算的辛离散有限元方法,给出一些典型结构的应力强度因子计算结果。

7.1　各向异性线弹性体本构关系

复合材料不同于常规各向同性材料,其材料结构复杂、材料性质非均匀,理论研究过程中通常将其视作各向异性体,其典型特征是:沿不同坐标方向,材料的弹性模量不尽相同。实际应用中复合材料可以在各向异性理论模型基础上进行简化。均匀各向异性材料的本构关系可以写为

$$\begin{cases} \sigma_i = C_{ij}\varepsilon_j \\ \varepsilon_i = S_{ij}\sigma_j \end{cases} \tag{7-1}$$

式中:σ_i 和 ε_j 分别表示应力分量和应变分量;C_{ij} 和 S_{ij} 分别称作刚度系数和柔度系数;$i,j = 1,2,\cdots,6$,表示三维直角坐标的三个主方向和三个切向。

层合粘接型复合材料板有两个主方向,即垂直于层合面的方向和平行于层合面的方向。平行于层合面的方向的力学性能是各向同性的,该类材料也称作横观各向同性材料,其弹性本构关系可以由各向异性材料的本构关系修正得到:

$$\begin{bmatrix} \sigma_1 \\ \sigma_2 \\ \tau_{12} \end{bmatrix} = \begin{bmatrix} C_{11} & C_{12} & 0 \\ C_{21} & C_{22} & 0 \\ 0 & 0 & C_{33} \end{bmatrix} \begin{bmatrix} \varepsilon_1 \\ \varepsilon_2 \\ \gamma_{12} \end{bmatrix} \tag{7-2}$$

由于平行于层合面的方向的力学性能是各向同性的,这里坐标方向只有两个,其中下标 1、2 分别表示平行于层合面的方向和垂直于层合面的方向。刚度系数与材料常数间的关系为

$$\begin{cases} C_{11} = \dfrac{E_{11}}{1 - \upsilon_{12}\upsilon_{21}}, \ C_{22} = \dfrac{E_{22}}{1 - \upsilon_{12}\upsilon_{21}} \\ C_{12} = C_{21} = \dfrac{\upsilon_{12}E_{22}}{1 - \upsilon_{12}\upsilon_{21}} = \dfrac{\upsilon_{21}E_{11}}{1 - \upsilon_{12}\upsilon_{21}} \\ C_{33} = G_{12} \end{cases} \tag{7-3}$$

式中:E_{11}、E_{22} 为主方向上的弹性模量;υ_{12} 和 υ_{21} 为主方向上的泊松比;G_{12} 为切

变模量。这里需要注意的是,不同于各向同性材料,切变模量与弹性模量和泊松比间并没有算式关系。横观各向同性材料的应变-应力关系可以表示为

$$\begin{bmatrix} \varepsilon_1 \\ \varepsilon_2 \\ \gamma_{12} \end{bmatrix} = \begin{bmatrix} S_{11} & S_{12} & 0 \\ S_{21} & S_{22} & 0 \\ 0 & 0 & S_{33} \end{bmatrix} \begin{bmatrix} \sigma_1 \\ \sigma_2 \\ \tau_{12} \end{bmatrix} \tag{7-4}$$

式中:

$$S_{11} = \frac{1}{E_{11}}, \ S_{22} = \frac{1}{E_{22}}, \ S_{12} = S_{21} = -\frac{\upsilon_{12}}{E_{11}} = -\frac{\upsilon_{21}}{E_{22}}, \ S_{33} = \frac{1}{G_{12}} \tag{7-5}$$

横观各向同性材料的本构关系在复合材料断裂理论计算中的应用较为广泛,如常见的纤维增强复合材料,不同于均质各向异性材料,裂纹在材料中的分布与横观各向同性材料的主方向有关,断裂现象与主方向和组分材料的界面性质有关。

7.2　二维各向异性材料的 Stroh 理论

Stroh 理论是当前用于求解各向异性材料物理场的主要理论之一。针对二维各向异性材料,本构关系和平衡方程可以写为

$$\sigma_{ij} = C_{ijks}\varepsilon_{ks} \tag{7-6}$$

$$\sigma_{ij,j} = 0 \tag{7-7}$$

式中:$i, k = 1, 2, 3$;$j, s = 1, 2$。这里需要说明的是,$i = j$ 时 σ_{ij} 表示坐标主方向的应力,$i \neq j$ 时表示切应力;$k = s$ 时 ε_{ks} 表示坐标主方向的应变,$k \neq s$ 时表示切应变。

二维问题中位移 u_k 与坐标 x_3 无关,仅为坐标 x_1 和 x_2 的函数,设

$$u_k = \boldsymbol{a}_k \boldsymbol{f}(z) \tag{7-8}$$

其中:$z = x_1 + \mu x_2$;f 是 z 的函数;μ 和 $\boldsymbol{a}_k$ 分别为与材料系数相关的复数特征值和相应的特征向量。

相应的应变可以由位移的导数表示:

$$\begin{cases} \varepsilon_{k1} = u_{k,1} = \dfrac{\partial u_k}{\partial x_1} = \boldsymbol{a}_k \boldsymbol{f}'(z) \\ \varepsilon_{k2} = u_{k,2} = \dfrac{\partial u_k}{\partial x_2} = \boldsymbol{a}_k \mu \boldsymbol{f}'(z) \end{cases} \tag{7-9}$$

将式(7-9)代入式(7-6)和式(7-7),得到

$$C_{ijks}u_{k,sj} = 0 \tag{7-10}$$

将式(7-8)代入式(7-10)可以得到

$$\lfloor C_{i1k1} + \mu(C_{i1k2} + C_{i2k1}) + \mu^2 C_{i2k2} \rfloor \boldsymbol{a}_k = 0 \tag{7-11}$$

若要方程(7-11)有解,$\boldsymbol{a}_k$ 的系数行列式必须为零,即

$$| C_{i1k1} + \mu(C_{i1k2} + C_{i2k1}) + \mu^2 C_{i2k2} | = 0 \tag{7-12}$$

为了便于计算,这里引入 3×3 的矩阵 $\boldsymbol{Q}$、$\boldsymbol{R}$、$\boldsymbol{T}$,矩阵元素为

$$Q_{ik} = C_{i1k1}, \quad R_{ik} = C_{i1k2}, \quad R_{ik}^{\mathrm{T}} = C_{i2k1}, \quad T_{ik} = C_{i2k2} \tag{7-13}$$

则方程(7-11)可以表示为

$$[\boldsymbol{Q} + \mu(\boldsymbol{R} + \boldsymbol{R}^{\mathrm{T}}) + \mu^2 \boldsymbol{T}]\boldsymbol{a} = 0 \tag{7-14}$$

根据式(7-1)和式(7-6)的下标缩写规则,有如下变换:$11 \to 1$、$22 \to 2$、$33 \to 3$、$23 \to 4$、$31 \to 5$、$12 \to 6$。系数行列式(7-12)可展开写为

$$\begin{vmatrix} C_{11} + 2\mu C_{16} + \mu^2 C_{66} & C_{16} + \mu(C_{12} + C_{66}) + \mu^2 C_{26} \\ C_{16} + \mu(C_{12} + C_{66}) + \mu^2 C_{26} & C_{66} + 2\mu C_{26} + \mu^2 C_{22} \\ C_{15} + \mu(C_{14} + C_{56}) + \mu^2 C_{46} & C_{56} + \mu(C_{25} + C_{46}) + \mu^2 C_{12} \end{vmatrix}$$

$$\begin{matrix} C_{15} + \mu(C_{14} + C_{56}) + \mu^2 C_{46} \\ C_{56} + \mu(C_{25} + C_{46}) + \mu^2 C_{24} \\ C_{55} + 2\mu C_{45} + \mu^2 C_{44} \end{matrix} \bigg| = 0 \tag{7-15}$$

求解式(7-15)可以得到 3 对共轭复根,即特征值 $\mu_k(k = 1,2,3)$,将特征值代入式(7-14)即可得到相应的特征向量 $\boldsymbol{a}_k$,令

$$\boldsymbol{A} = [\boldsymbol{a}_1 \quad \boldsymbol{a}_2 \quad \boldsymbol{a}_3] \tag{7-16}$$

二维各向异性材料的位移最终可以写成

$$\boldsymbol{u} = 2\mathrm{Re}\{\boldsymbol{A}\boldsymbol{f}(z)\} \tag{7-17}$$

其中,$\boldsymbol{f}(z) = [f(z_1) \quad f(z_2) \quad f(z_3)]^{\mathrm{T}}$,$z_i = x_1 + \mu_i x_2$。因此,位移的分量形式为

$$u_i = 2\mathrm{Re}\sum_{j=1}^{3} A_{ij}f(z_j) \tag{7-18}$$

采用同样的方法,设应力

$$\boldsymbol{\sigma}_k = \boldsymbol{b}_k \boldsymbol{f}(z) \tag{7-19}$$

根据式(7-6)、式(7-8)、式(7-9)和式(7-19),可以得到 $\boldsymbol{a}_k$ 和 $\boldsymbol{b}_k$ 的关系:

$$\boldsymbol{b}_k = (\boldsymbol{R}^{\mathrm{T}} + \mu_k \boldsymbol{T})\boldsymbol{a}_k = -\frac{1}{\mu_k}(\boldsymbol{Q} + \mu_k \boldsymbol{R})\boldsymbol{a}_k \tag{7-20}$$

引入矩阵 $\boldsymbol{B}$,表达式为

$$\boldsymbol{B} = [\boldsymbol{b}_1 \quad \boldsymbol{b}_2 \quad \boldsymbol{b}_3] \tag{7-21}$$

应力可以表示为

$$\begin{cases} \boldsymbol{\sigma}_1 = -2\mathrm{Re}\{\boldsymbol{B}\boldsymbol{\mu}\boldsymbol{f}'(z)\} \\ \boldsymbol{\sigma}_2 = 2\mathrm{Re}\{\boldsymbol{B}\boldsymbol{f}'(z)\} \end{cases} \tag{7-22}$$

式中:$\boldsymbol{\sigma}_1 = [\sigma_{11} \quad \sigma_{12} \quad \sigma_{13}]^{\mathrm{T}}$;$\boldsymbol{\sigma}_2 = [\sigma_{21} \quad \sigma_{22} \quad \sigma_{23}]^{\mathrm{T}}$;$\boldsymbol{\mu}$ 为元素是 μ_k 的对角矩阵。应力的分量形式为

$$\begin{cases} \sigma_{1i} = -2\mathrm{Re}\left\{\sum_{j=1}^{3} \mu_j B_{ij} f'_j(z_j)\right\} \\ \sigma_{2i} = 2\mathrm{Re}\left\{\sum_{j=1}^{3} B_{ij} f'_j(z_j)\right\} \end{cases} \tag{7-23}$$

7.3　平面应变问题的 Lekhnitskii 理论

平面应变问题中,垂直于平面的位移 $u_z = 0$,相应的本构关系可以表示为

$$\begin{bmatrix} \varepsilon_1 \\ \varepsilon_2 \\ \varepsilon_3 \\ \gamma_{12} \end{bmatrix} = \begin{bmatrix} S_{11} & S_{12} & S_{13} & S_{16} \\ S_{21} & S_{22} & S_{23} & S_{26} \\ S_{31} & S_{32} & S_{33} & S_{36} \\ S_{61} & S_{62} & S_{63} & S_{66} \end{bmatrix} \begin{bmatrix} \sigma_1 \\ \sigma_2 \\ \sigma_3 \\ \tau_{12} \end{bmatrix} \tag{7-24}$$

其中垂直于平面的应变 $\varepsilon_3 = 0$,则 σ_3 可以表示为

$$\sigma_3 = -\frac{1}{S_{33}}(S_{31}\sigma_1 + S_{32}\sigma_2 + S_{36}\tau_{12}) \tag{7-25}$$

将式(7-25)代入式(7-24)得到整理后的平面应变本构关系:

$$\begin{bmatrix} \varepsilon_1 \\ \varepsilon_2 \\ \gamma_{12} \end{bmatrix} = \begin{bmatrix} \overline{S}_{11} & \overline{S}_{12} & \overline{S}_{16} \\ \overline{S}_{21} & \overline{S}_{22} & \overline{S}_{26} \\ \overline{S}_{61} & \overline{S}_{62} & \overline{S}_{66} \end{bmatrix} \begin{bmatrix} \sigma_1 \\ \sigma_2 \\ \tau_{12} \end{bmatrix} \tag{7-26}$$

其中,

$$\overline{S}_{ij} = S_{ij} - \frac{S_{i3}S_{j3}}{S_{33}} \tag{7-27}$$

此外引入平面问题的应变协调方程:

$$\frac{\partial^2 \varepsilon_1}{\partial x_2^2} + \frac{\partial^2 \varepsilon_2}{\partial x_1^2} = \frac{\partial^2 \tau_{12}}{\partial x_1 \partial x_2} \tag{7-28}$$

定义应力函数 $U(x_1, x_2)$,其与应力之间的关系为

$$\sigma_1 = \frac{\partial^2 U}{\partial x_2^2}, \ \sigma_2 = \frac{\partial^2 U}{\partial x_1^2}, \ \tau_{12} = -\frac{\partial^2 U}{\partial x_1 \partial x_2} \tag{7-29}$$

将式(7-29)代入式(7-26),并结合应变协调方程式(7-28)得到关于应力函数的微分方程:

$$\overline{S}_{11}\frac{\partial^4 U}{\partial x_2^4} + \overline{S}_{22}\frac{\partial^4 U}{\partial x_1^4} - 2\overline{S}_{26}\frac{\partial^4 U}{\partial x_1^3 \partial x_2} - 2\overline{S}_{16}\frac{\partial^4 U}{\partial x_1 \partial x_2^3} + (2\overline{S}_{12} + \overline{S}_{66})\frac{\partial^4 U}{\partial x_1^2 \partial x_2^2} = 0 \tag{7-30}$$

引入微分算子 $D_k = \frac{\partial}{\partial y} - \mu_k \frac{\partial}{\partial x}(k = 1, 2, 3, 4)$,式(7-30)可以写为

$$D_4 D_3 D_2 D_1 U(x_1, x_2) = 0 \tag{7-31}$$

其中, μ_k 是式(7-30)的特征方程的根,即

$$\overline{S}_{11}\mu^4 - 2\overline{S}_{16}\mu^3 + (2\overline{S}_{12} + \overline{S}_{66})\mu^2 - 2\overline{S}_{26}\mu + \overline{S}_{22} = 0 \tag{7-32}$$

对于弹性体,式(7-32)的根只能是复数或者纯虚数,而对于各向异性材料,式(7-32)的根为两对共轭复数,设 $\mu_1 = \alpha_1 + \mathrm{i}\beta_1$, $\mu_2 = \alpha_2 + \mathrm{i}\beta_2$, $\mu_3 = \overline{\mu_1}$, $\mu_4 = \overline{\mu_2}$,其中 α_1、α_2、β_1、β_2 为实数,"i"是虚数单位,且 $\mathrm{Re}(\mu_i) > 0(i = 1, 2)$。

令

$$z_k = x_1 + \mu_k x_2 \quad (k=1,2,3,4) \tag{7-33}$$

如果式(7-32)的根不完全相同，即 $\mu_1 \neq \mu_2$，那么式(7-30)的一般完整解可以表示为

$$U(x_1,x_2) = \sum_{k=1}^{4} K_k(z_k) \tag{7-34}$$

其中，$K_k(z)$ 是关于变量 z 的函数。

在式(7-34)等号两边同时取共轭得

$$U(x_1,x_2) = \overline{K}_1(\bar{z}_1) + \overline{K}_2(\bar{z}_2) + \overline{K}_3(\bar{z}_1) + \overline{K}_4(\bar{z}_2) \tag{7-35}$$

式(7-34)和式(7-35)等号两边同时相加并除以 2，得到

$$U(x_1,x_2) = \frac{K_1(z_1)+\overline{K}_1(\bar{z}_1)}{2} + \frac{K_2(z_2)+\overline{K}_2(\bar{z}_2)}{2} + \frac{K_3(\bar{z}_1)+\overline{K}_3(z_1)}{2} + \frac{K_4(\bar{z}_2)+\overline{K}_4(z_2)}{2}$$

$$= \frac{K_1(z_1)+\overline{K}_3(z_1)}{2} + \frac{K_2(z_2)+\overline{K}_4(z_2)}{2} + \frac{\overline{K}_1(\bar{z}_1)+K_3(\bar{z}_1)}{2} + \frac{\overline{K}_2(\bar{z}_2)+K_4(\bar{z}_2)}{2} \tag{7-36}$$

令 $U_1(z_1) = \frac{K_1(z_1)+\overline{K}_3(z_1)}{2}$，$U_2(z_2) = \frac{K_2(z_2)+\overline{K}_4(z_2)}{2}$，则应力函数可以写作

$$U(x_1,x_2) = 2\text{Re}[U_1(z_1)+U_2(z_2)] \tag{7-37}$$

如果 $\mu_1 = \mu_2$，则通解形式为

$$U(x_1,x_2) = K_1(z_1)+\bar{z}_1 K_2(z_1) + K_3(z_3)+\bar{z}_3 K_4(z_3) \tag{7-38}$$

其形式同样可以简化为

$$U(x_1,x_2) = 2\text{Re}[U_1(z_1)+\bar{z}_1 U_2(z_2)] \tag{7-39}$$

上述应力函数通解可以描述为多项式叠加形式，针对具体问题，结合载荷条件和边界条件可以确定多项式的系数，进而得到问题的解。

7.4　界面裂纹的应力强度因子

不同材料结合构成的多相材料也是一类重要的复合材料。在均质材料的弹性理论中，各应力分量都是连续的，并且材料物性是均匀的。而在结合材料的界面处，平行于界面的正应力分量是不连续的，材料物性也是不均匀的。所谓界面强度，是指破坏沿界面发生时的界面承载能力。对于没有或不考虑界面奇点的情况，目前通常采用垂直于界面的正应力（称为剥离应力）和作用于界面的剪应力（实际上是作用于界面的面力）作为界面强度的评价参数，与之对应的强度值，分别称为界面的剥离强度和剪切强度。

从力学分析的角度看，界面实际上是存在于结合材料内部的边界。在界面上，

一部分力学参数是连续的,而有一部分则是不连续的。通常,结合材料的破坏,都是从界面或其附近发生的。因此,精确地分析界面及其附近的应力分布状况,具有重要的意义。界面上的条件实际上也代表了一侧的材料对另一侧材料的变形约束,这种约束条件的存在,会引起界面及其附近的应力集中,尤其在界面几何形状的突变处,如裂纹尖端,应力集中会变得非常严重,而该点也是奇异点。

7.4.1　Dundurs 参数

两种不同材料结合,涉及 4 个弹性常数,即弹性模量和泊松比。然而材料结合界面处相互影响,这 4 个参数对材料的应力应变的影响并不是相互独立的,因此提出 Dundurs 参数。根据复变应力函数中的 Goursat 公式,应力可以表示为

$$\begin{cases} \sigma_y + \mathrm{i}\tau_{xy} = \varphi' + \overline{\varphi'} + \overline{z}\varphi'' + \psi' \\ \sigma_x - \mathrm{i}\tau_{xy} = \varphi' + \overline{\varphi'} - \overline{z}\varphi'' - \psi' \\ 2G(u+\mathrm{i}v) = \kappa\varphi - z\overline{\varphi'} - \overline{\psi'} \end{cases} \tag{7-40}$$

其中,$z = x + \mathrm{i}y$;φ、ψ 为解析函数;G 为剪切弹性模量,$G = E/[2(1+\upsilon)]$;u、v 分别为 x 和 y 方向的位移;平面应变情况下 $\kappa = 3 - 4\upsilon$;平面应力情况下 $\kappa = (3-\upsilon)/(1+\upsilon)$。平面结合材料的界面连续条件为

$$\sigma_{y1} = \sigma_{y2}, \ \tau_{xy1} = \tau_{xy2}, \ u_1 = u_2, \ v_1 = v_2 \tag{7-41}$$

式(7-41)分别表示应力连续和位移连续,其中下标 1、2 分别代表材料 1 和 2。将式(7-40)代入式(7-41)可得

$$\begin{cases} \lambda[\kappa_1\varphi_1 - z\overline{\varphi'_1} - \overline{\psi_1}] = \kappa_2\varphi_2 - z\overline{\varphi'_2} - \overline{\psi_2} \\ \varphi'_1 + \overline{\varphi'_1} + \overline{z}\varphi''_1 + \psi'_1 = \varphi'_2 + \overline{\varphi'_2} + \overline{z}\varphi''_2 + \psi'_2 \end{cases} \tag{7-42}$$

其中 $\lambda = G_2/G_1$。由于应力连续条件在全部界面都满足,故将其在 x 轴方向沿界面积分,可得

$$\int \frac{\partial}{\partial x}(\overline{\varphi_1} + \overline{z}\varphi'_1 + \psi_1)\mathrm{d}x = \int \frac{\partial}{\partial x}(\overline{\varphi_2} + \overline{z}\varphi'_2 + \psi_2)\mathrm{d}x \tag{7-43}$$

忽略积分常数项,并在等式两边取共轭,可得

$$\varphi_1 + z\overline{\varphi'_1} + \overline{\psi_1} = \varphi_2 + z\overline{\varphi'_2} + \overline{\psi_2} \tag{7-44}$$

根据式(7-42)和式(7-44)得

$$\begin{cases} \varphi_1 = \dfrac{\lambda+\kappa_2}{\lambda(\kappa_1+1)}\varphi_2 + \dfrac{\lambda-1}{\lambda(\kappa_1+1)}(z\overline{\varphi'_2} + \overline{\psi_2}) \\ z\overline{\varphi'_1} + \overline{\psi_1} = \dfrac{\lambda\kappa_1-\kappa_2}{\lambda(\kappa_1+1)}\varphi_2 + \dfrac{\lambda\kappa_1+1}{\lambda(\kappa_1+1)}(z\overline{\varphi'_2} + \overline{\psi_2}) \end{cases} \tag{7-45}$$

上面的式子中包含 G_1、G_2、κ_1、κ_2 四个参数,它们与材料常数 E_1、E_2、υ_1、υ_2 相关,这意味着结合材料中,各材料弹性常数相互影响,可以采用两个组合参数来描述,定义

$$\begin{cases} \alpha = \dfrac{(\kappa_2+1)-\lambda(\kappa_1+1)}{(\kappa_2+1)+\lambda(\kappa_1+1)} = \dfrac{G_1(\kappa_2+1)-G_2(\kappa_1+1)}{G_1(\kappa_2+1)+G_2(\kappa_1+1)} \\[3mm] \beta = \dfrac{(\kappa_2-1)-\lambda(\kappa_1-1)}{(\kappa_2+1)+\lambda(\kappa_1+1)} = \dfrac{G_1(\kappa_2-1)-G_2(\kappa_1-1)}{G_1(\kappa_2+1)+G_2(\kappa_1+1)} \end{cases} \tag{7-46}$$

这里 α、β 为 Dundurs 参数,其意义为材料常数对结合材料的变形和应力的影响可以通过两个组合参数来描述。

7.4.2　界面裂纹的应力强度因子

对于两个半无限大材料结合形成的含界面裂纹无限大双材料结构,裂纹面自由,其裂尖的特征值为

$$\mu = \frac{1}{2} + i\varepsilon \tag{7-47}$$

其中,$\varepsilon = \dfrac{1}{2\pi}\ln\left(\dfrac{1-\beta}{1+\beta}\right)$。裂尖附近的应力和位移分布为

$$\sigma_{\theta j} + i\tau_{r\theta j} = \frac{r^{i\varepsilon}\,\overline{B_j}\mu}{\sqrt{r}}\left[e^{e^{i\theta}}e^{\frac{1}{2}i\theta} + e^{(-1)^{j-1}2\pi\varepsilon}e^{-e^{i\theta}}e^{\frac{3}{2}i\theta}\right] + \frac{r^{-i\varepsilon}\,\overline{B_j}\,\overline{\mu}^2\,e^{e^{i\theta}}}{\sqrt{r}}\left(e^{-\frac{1}{2}i\theta} - e^{\frac{3}{2}i\theta}\right) \tag{7-48}$$

$$2C_j(u_{rj}+iu_{\theta j}) = \sqrt{r}\,r^{i\varepsilon}\,\overline{B_j}\mu e^{e^{i\theta}}\left[e^{-\frac{3}{2}i\theta} - e^{\frac{1}{2}i\theta}\right] + \sqrt{r}\,r^{-i\varepsilon}\,B_j\left[\kappa_j e^{e^{i\theta}}e^{-\frac{1}{2}i\theta} - e^{(-1)^{j-1}2\pi\varepsilon}e^{-e^{i\theta}}e^{-\frac{3}{2}i\theta}\right] \tag{7-49}$$

式中:下标 j 表示材料区域。裂纹延伸界面上的应力可以通过在上式中取 $\theta = 0$ 来获得,

$$\sigma_\theta + i\tau_{r\theta}\big|_{\theta=0} = \frac{K_1+iK_2}{\sqrt{2\pi r}}r^{i\varepsilon} \tag{7-50}$$

其中,$K_1 + iK_2 = \sqrt{2\pi}\mu\overline{B_j}\left[1+e^{(-1)^{j-1}2\pi\varepsilon}\right]$,$K_1$、$K_2$ 为界面裂纹的应力强度因子。

由裂纹尖端区域的应力表达式可知,应力与半径坐标的 $(\mu-1)$ 次方相关,即 $\sigma_{ij} \propto r^{(\mu-1)}$,这里下标 i、j 表示坐标方向。因此,裂纹尖端的应力具有奇异性,应力奇异性指数为 $(1-\mu)$。

上述应力强度因子定义适用于单一应力奇异性的情况,对于具有多个应力奇异性的问题,应力强度因子的定义不再适用,可以采用应力强度系数的表征方法。这里以具有二重应力奇异性的问题为例,在奇异点附近,有

$$\sigma_{ij} = \frac{K_1 f_{ij1}(\theta)}{r^{1-\mu_1}} + \frac{K_2 f_{ij2}(\theta)}{r^{1-\mu_2}} \tag{7-51}$$

其中:K_1、K_2 为应力强度系数;f_{ijk} 为角函数。式(7-51)通常采用界面上的应力来表征。在界面位置,有

$$\begin{cases} \sigma_\theta\big|_{\theta=\theta_0} = \dfrac{K_1}{r^{1-\mu_1}} + \dfrac{K_2 f_{\theta 2}(\theta_0)}{r^{1-\mu_2}} \\[3mm] \tau_{r\theta}\big|_{\theta=\theta_0} = \dfrac{K_1 f_{r\theta 1}(\theta_0)}{r^{1-\mu_1}} + \dfrac{K_2}{r^{1-\mu_2}} \end{cases} \tag{7-52}$$

式(7-52)规定 $f_{\theta 1}(\theta_0) = 1$,$f_{r\theta 2}(\theta_0) = 1$。

7.5　多材料板界面端弯曲断裂参数计算的辛离散有限元法

实际工程结构大多数都是一个方向尺寸远小于另两个方向尺寸的板结构，而这类结构所受的载荷往往会使结构产生弯曲变形。不同于平面或反平面结构，对板结构的研究需要考虑其厚度的影响，因而实质上是三维问题。弯矩载荷情况下，板面与板内的位移场和应力应变场并不相同。对这类结构已建立了不同的理论模型，不同的理论模型只是对板进行了不同的自由度假设，其中经典板壳理论在工程中的应用最为广泛，并且也适用于板壳的断裂研究。另外，多种材料组合形成的结合材料在工程实际中也广受欢迎，多种材料的拼接板结构由于材料属性的不匹配，更容易在材料界面处出现界面裂纹和界面 V 形切口。该类结构中出现的切口将会严重影响设备的安全运行，降低使用寿命。为了保证结构的正常使用，分析缺口对结构断裂的影响，求解尖端处断裂参数是一项重要的工作。

辛方法具有求解思路理性、能够获得显式的物理场表达式等优点，如果能够将有限元方法与辛方法结合来解决断裂问题，必将得到一种高效高精度的方法。辛方法可以得到级数展开形式的解析解，如果在具体问题中，可以得到结构中某些点的精确位移，将这些点的坐标和位移解代入辛序列中，则可以得到待定系数为未知量的一组线性方程组，只要选取的节点数量大于辛序列项数，就可以计算出辛序列的待定系数，从而获得结构的物理场解析表达式。由于需要选取一组点，自然地想到可以采用有限元方法进行离散，利用有限元方法进行计算可以得到大量的节点坐标信息和位移解。因为位移场并不是奇异的，所以不需要对网格进行加密就可以获得精确的位移解，将其代入辛方法中，能够很好地将二者结合起来。

7.5.1　含 V 形切口多材料板弯曲的哈密顿体系

含 V 形切口的多材料板由 n 个不同的各向同性均质扇形板组成，它们沿着界面完美地粘接在一起，在同一个顶点 O 汇聚，切口面和界面均为直线，如图 7-1 所示。板的厚度为 h，每个材料区域的角度分别记为 $\alpha^{(i)}$，r 和 θ 表示极坐标，极坐标原点位于切口尖端 O。定义子坐标系统，θ_i 表示第 i 个子坐标系，每个材料区域表示为 m_i。

在 Kirchhoff 板理论中，极坐标下曲率和挠度间的关系为

$$\kappa_r^{(i)} = \frac{\partial^2 w^{(i)}}{\partial r^2}, \ \kappa_\theta^{(i)} = \frac{1}{r}\frac{\partial w^{(i)}}{\partial r} + \frac{1}{r^2}\frac{\partial^2 w^{(i)}}{\partial \theta^2}, \ \kappa_{r\theta}^{(i)} = -\frac{\partial}{\partial r}\left(\frac{1}{r}\frac{\partial w^{(i)}}{\partial \theta}\right) \quad (7\text{-}53)$$

式中：上标 (i) 表示多材料板中第 i 个材料区域；κ_r、κ_θ、$\kappa_{r\theta}$ 表示曲率；w 为垂直于板面的挠度。弯矩和挠度间的关系为

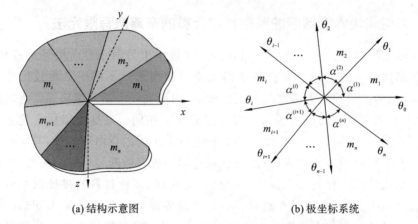

(a) 结构示意图   (b) 极坐标系统

图 7-1 含 V 形切口多材料板的几何形状和坐标系统

$$\begin{cases} M_r = D^{(i)} \left[\dfrac{\partial^2 w^{(i)}}{\partial r^2} + v^{(i)} \left(\dfrac{1}{r} \dfrac{\partial w^{(i)}}{\partial r} + \dfrac{1}{r^2} \dfrac{\partial^2 w^{(i)}}{\partial \theta^2} \right) \right] \\[2mm] M_\theta = D^{(i)} \left[\left(\dfrac{1}{r} \dfrac{\partial w^{(i)}}{\partial r} + \dfrac{1}{r^2} \dfrac{\partial^2 w^{(i)}}{\partial \theta^2} \right) + v^{(i)} \dfrac{\partial^2 w^{(i)}}{\partial r^2} \right] \\[2mm] M_{r\theta} = -D^{(i)} (1 - v^{(i)}) \left(\dfrac{1}{r} \dfrac{\partial^2 w^{(i)}}{\partial r \partial \theta} - \dfrac{1}{r^2} \dfrac{\partial w^{(i)}}{\partial \theta} \right) \end{cases} \tag{7-54}$$

其中：M_r、M_θ、$M_{r\theta}$ 为弯矩；$D^{(i)} = E^{(i)} h^3 / \{12[1 - (v^{(i)})^2]\}$，为抗弯刚度；$E^{(i)}$ 和 $v^{(i)}$ 分别表示材料的弹性模量和泊松比。这里引入弯矩函数，其与弯矩间的关系为

$$\begin{cases} M_r^{(i)} = \dfrac{1}{r} \left(\phi_r^{(i)} + \dfrac{\partial \phi_\theta^{(i)}}{\partial \theta} \right) \\[2mm] M_\theta^{(i)} = \dfrac{\partial \phi_r^{(i)}}{\partial r} \\[2mm] M_{r\theta}^{(i)} = \dfrac{1}{2r} \left(\dfrac{\partial \phi_r^{(i)}}{\partial \theta} + r \dfrac{\partial \phi_\theta^{(i)}}{\partial r} - \phi_\theta^{(i)} \right) \end{cases} \tag{7-55}$$

式中：$\phi_r^{(i)}$ 和 $\phi_\theta^{(i)}$ 是弯矩函数。

哈密顿体系下的基本变量可以表示为

$$\boldsymbol{\Psi}^{(i)} = [\boldsymbol{q}^{(i)}, \ \boldsymbol{p}^{(i)}]^{\mathrm{T}} = [\phi_r^{(i)}, \ \phi_\theta^{(i)}, \ S_\theta^{(i)}, \ S_{r\theta}^{(i)}]^{\mathrm{T}} \tag{7-56}$$

$\boldsymbol{q}^{(i)} = [\phi_r^{(i)}, \ \phi_\theta^{(i)}]^{\mathrm{T}}$ 和 $\boldsymbol{p}^{(i)} = [S_\theta^{(i)}, \ S_{r\theta}^{(i)}]^{\mathrm{T}}$ 分别为哈密顿体系中的原变量和对偶变量。$S_\theta^{(i)} = \partial w^{(i)} / \partial r + 1/r^2 \partial^2 w^{(i)} / \partial \theta^2$ 和 $S_{r\theta}^{(i)} = -r\partial(1/r\partial w^{(i)} / \partial \theta) / \partial r$ 是广义曲率。定义广义坐标 $\xi = \ln(r)$ 为哈密顿体系中的时间坐标，哈密顿体系中的对偶方程可以表示为

$$\dot{\boldsymbol{\Psi}}^{(i)} = \boldsymbol{H} \boldsymbol{\Psi}^{(i)} \tag{7-57}$$

其中，$(\dot{\ }) = \dfrac{\partial(\ )}{\partial \xi}$，$\boldsymbol{H} = \begin{bmatrix} \boldsymbol{H}_{11} & \boldsymbol{H}_{12} \\ \boldsymbol{H}_{21} & -\boldsymbol{H}_{11}^{\mathrm{T}} \end{bmatrix}$。其中，

$$\boldsymbol{H}_{11} = \begin{bmatrix} \upsilon^{(i)} & \upsilon^{(i)} \dfrac{\partial}{\partial \theta} \\[3mm] -\dfrac{\partial}{\partial \theta} & 1 \end{bmatrix}$$

$$\boldsymbol{H}_{12} = \begin{bmatrix} D^{(i)}(1-(\upsilon^{(i)})^2) & 0 \\[2mm] 0 & 2D^{(i)}(1-\upsilon^{(i)}) \end{bmatrix}$$

$$\boldsymbol{H}_{21} = \begin{bmatrix} \dfrac{1}{D^{(i)}} & \dfrac{1}{D^{(i)}} \dfrac{\partial}{\partial \theta} \\[4mm] -\dfrac{1}{D^{(i)}} \dfrac{\partial}{\partial \theta} & -\dfrac{1}{D^{(i)}} \dfrac{\partial^2}{\partial \theta^2} \end{bmatrix}$$

相关的边界条件如下。

（1）相邻材料区域界面处的连续性条件：

$$\boldsymbol{q}^{(i)} = \boldsymbol{q}^{(i+1)}, \quad \boldsymbol{\beta}^{(i)} [\boldsymbol{q}^{(i)}, \ \boldsymbol{p}^{(i)}]^{\mathrm{T}} = \boldsymbol{\beta}^{(i+1)} [\boldsymbol{q}^{(i+1)}, \ \boldsymbol{p}^{(i+1)}]^{\mathrm{T}} \tag{7-58}$$

其中，$\boldsymbol{\beta}^{(i)} = \begin{bmatrix} \dfrac{1}{D^{(i)}} & \dfrac{1}{D^{(i)}} \dfrac{\partial}{\partial \theta} & -\upsilon^{(i)} & 0 \\[3mm] 0 & 0 & 0 & 1 \end{bmatrix}$。

（2）切口面的自由边界条件：

$$\boldsymbol{q}^{(1)} = \boldsymbol{0}, \quad \boldsymbol{q}^{(n)} = \boldsymbol{0} \tag{7-59}$$

由于哈密顿矩阵 $\boldsymbol{H}$ 中不包含坐标 ξ 的项，因此可以采用分离变量法求解式 (7-57)，令 $\boldsymbol{\Psi}^{(i)} = \mathrm{e}^{\mu\xi} \boldsymbol{\psi}^{(i)}(\theta)$，则

$$\boldsymbol{H} \boldsymbol{\psi}^{(i)}(\theta) = \mu \boldsymbol{\psi}^{(i)}(\theta) \tag{7-60}$$

其中，μ 和 $\boldsymbol{\psi}^{(i)}(\theta)$ 是辛本征对。

当本征值 $\mu = 0$ 时，相应的挠度解可以表示为

$$w_{01} = 1, \ w_{02} = r\sin\theta, \ w_{03} = r\cos\theta \tag{7-61}$$

当本征值 $\mu \neq 0$ 时，本征解可以通过式(7-60)进行求解，即 $(\boldsymbol{H} - \mu \boldsymbol{I})\boldsymbol{\psi}^{(i)} = \boldsymbol{0}$，其特征方程为

$$\lambda^4 + 2(1+\mu^2)\lambda^2 + (1-\mu^2)^2 = 0 \tag{7-62}$$

特征方程的根为 $\lambda_{1,2} = \pm \eta \mathrm{i} = \pm (1+\mu)\mathrm{i}$ 和 $\lambda_{3,4} = \pm \bar{\eta}\mathrm{i} = \pm (1-\mu)\mathrm{i}$。辛本征向量可以表示为

$$\boldsymbol{\psi}^{(i)} = \begin{bmatrix} A_1^{(i)}\cos(\eta\theta) + B_1^{(i)}\sin(\eta\theta) + G_1^{(i)}\cos(\bar{\eta}\theta) + H_1^{(i)}\sin(\bar{\eta}\theta) \\ A_2^{(i)}\sin(\eta\theta) + B_2^{(i)}\cos(\eta\theta) + G_2^{(i)}\sin(\bar{\eta}\theta) + H_2^{(i)}\cos(\bar{\eta}\theta) \\ A_3^{(i)}\cos(\eta\theta) + B_3^{(i)}\sin(\eta\theta) + G_3^{(i)}\cos(\bar{\eta}\theta) + H_3^{(i)}\sin(\bar{\eta}\theta) \\ A_4^{(i)}\sin(\eta\theta) + B_4^{(i)}\cos(\eta\theta) + G_4^{(i)}\sin(\bar{\eta}\theta) + H_4^{(i)}\cos(\bar{\eta}\theta) \end{bmatrix} \tag{7-63}$$

$A_k^{(i)}$、$B_k^{(i)}$、$G_k^{(i)}$、$H_k^{(i)}$ ($k = 1 \sim 4$)是材料区域 i 中的 16 个未知系数。这 16 个未知系数中，只有 4 个系数是独立的，取 $A_2^{(i)}$、$B_2^{(i)}$、$G_2^{(i)}$、$H_2^{(i)}$ 为独立系数，其他系数可以表示为

$$\left\{\begin{array}{l} A_1^{(i)} = -A_2^{(i)}, A_3^{(i)} = -\dfrac{\mu}{D^{(i)}(1-v^{(i)})}A_2^{(i)}, A_4^{(i)} = \dfrac{\mu}{D^{(i)}(1-v^{(i)})}A_2^{(i)}, \\[3mm] B_1^{(i)} = B_2^{(i)}, B_3^{(i)} = \dfrac{\mu}{D^{(i)}(1-v^{(i)})}B_2^{(i)}, B_4^{(i)} = \dfrac{\mu}{D^{(i)}(1-v^{(i)})}B_2^{(i)}, \\[3mm] G_1^{(i)} = -\dfrac{3+v^{(i)}-\mu+v^{(i)}\mu}{3+v^{(i)}+\mu-v^{(i)}\mu}G_2^{(i)}, G_3^{(i)} = -\dfrac{\mu(3-\mu)}{D^{(i)}(3+v^{(i)}+\mu-v^{(i)}\mu)}G_2^{(i)}, \\[3mm] G_4^{(i)} = -\dfrac{\mu(1-\mu)}{D^{(i)}(3+v^{(i)}+\mu-v^{(i)}\mu)}G_2^{(i)}, \\[3mm] H_1^{(i)} = \dfrac{3+v^{(i)}-\mu+v^{(i)}\mu}{3+v^{(i)}+\mu-v^{(i)}\mu}H_2^{(i)}, H_3^{(i)} = \dfrac{\mu(3-\mu)}{D^{(i)}(3+v^{(i)}+\mu-v^{(i)}\mu)}H_2^{(i)}, \\[3mm] H_4^{(i)} = -\dfrac{\mu(1-\mu)}{D^{(i)}(3+v^{(i)}+\mu-v^{(i)}\mu)}H_2^{(i)} \end{array}\right.$$

$$(7-64)$$

记 $\boldsymbol{F}_i^{(i)} = [A_2^{(i)}, B_2^{(i)}, G_2^{(i)}, H_2^{(i)}]^{\mathrm{T}}$ 为待定系数向量,这里下标 i 表示系数在第 i 个子坐标系(θ_i)中的值。

根据相邻材料界面处的连续性条件,将式(7-63)代入式(7-58),相邻材料区域中的待定系数满足

$$\boldsymbol{F}_i^{(i+1)} = \boldsymbol{R}_i \boldsymbol{F}_i^{(i)} \tag{7-65}$$

其中,$\boldsymbol{R}_i$ 是变换矩阵,$\boldsymbol{R}_i = [R_{jk}]$,这里 $R_{12} = R_{14} = R_{21} = R_{23} = R_{32} = R_{34} = R_{41} = R_{43} = 0$,且有

$$R_{11} = \frac{1-v^{(i+1)}}{4}\left[1+\mu+\frac{\chi^{(i)}(3+v^{(i+1)}-\mu+v^{(i+1)}\mu)}{1-v^{(i)}}\right]$$

$$R_{13} = \frac{(1-v^{(i+1)})(1+\mu)[3+v^{(i)}-\mu+v^{(i)}\mu-\chi^{(i)}(3+v^{(i+1)}-\mu+v^{(i+1)}\mu)]}{4(3+v^{(i)}+\mu-v^{(i)}\mu)}$$

$$R_{22} = \frac{1-v^{(i+1)}}{4}\left[1-\mu+\frac{\chi^{(i)}(3+v^{(i+1)}+\mu-v^{(i+1)}\mu)}{1-v^{(i)}}\right]$$

$$R_{24} = \frac{(1-v^{(i+1)})(1-\mu)}{4}\left[1-\frac{\chi^{(i)}(3+v^{(i+1)}+\mu-v^{(i+1)}\mu)}{3+v^{(i)}+\mu-v^{(i)}\mu}\right]$$

$$R_{31} = R_{42} = \frac{3+v^{(i+1)}+\mu-v^{(i+1)}\mu}{4}\left[1-\frac{\chi^{(i)}(1-v^{(i+1)})}{1-v^{(i)}}\right]$$

$$R_{33} = \frac{(3+v^{(i+1)}+\mu-v^{(i+1)}\mu)[3+v^{(i)}-\mu+v^{(i)}\mu+\chi^{(i)}(1+\mu)(1-v^{(i+1)})]}{4(3+v^{(i)}+\mu-v^{(i)}\mu)}$$

$$R_{44} = \frac{3+v^{(i+1)}+\mu-v^{(i+1)}\mu}{4}\left[1+\frac{\chi^{(i)}(1-v^{(i+1)})(1-\mu)}{3+v^{(i)}+\mu-v^{(i)}\mu}\right]$$

$$\chi^{(i)} = \frac{D^{(i+1)}}{D^{(i)}}$$

此外,需要进行坐标变换以找到两个相邻坐标系中的本征函数之间的关系:

$$\boldsymbol{F}_i^{(i)} = \boldsymbol{T}_i \boldsymbol{F}_{i-1}^{(i)} \tag{7-66}$$

其中 $\boldsymbol{T}_i = \mathrm{diag}\{\boldsymbol{\Lambda}(\eta,\ \alpha^{(i)}),\ \boldsymbol{\Lambda}(\overline{\eta},\alpha^{(i)})\}$ ，是坐标转换矩阵。

$$\boldsymbol{\Lambda}(\eta,\ \alpha^{(i)}) = \begin{bmatrix} \cos(\eta\alpha^{(i)}) & -\sin(\eta\alpha^{(i)}) \\ \sin(\eta\alpha^{(i)}) & \cos(\eta\alpha^{(i)}) \end{bmatrix}$$

$$\boldsymbol{\Lambda}(\overline{\eta},\ \alpha^{(i)}) = \begin{bmatrix} \cos(\overline{\eta}\alpha^{(i)}) & -\sin(\overline{\eta}\alpha^{(i)}) \\ \sin(\overline{\eta}\alpha^{(i)}) & \cos(\overline{\eta}\alpha^{(i)}) \end{bmatrix}$$

利用式(7-65)和式(7-66)，任意材料区域的待定系数都可以由第一个材料区域中的待定系数表示：

$$\boldsymbol{F}_i^{(i)} = \boldsymbol{T}_i \boldsymbol{Z}_i \boldsymbol{F}_0^{(1)} \tag{7-67}$$

其中，$\boldsymbol{Z}_i = \prod\limits_{j=i-1}^{1}(\boldsymbol{R}_j \boldsymbol{T}_j)$ 。

将式(7-67)代入式(7-63)，并结合切口面自由边界条件式(7-59)，可以得到四个线性方程组：

$$\boldsymbol{M}\boldsymbol{F}_0^{(1)} = 0 \tag{7-68}$$

其中，$\boldsymbol{M} = [\boldsymbol{M}_1^{\mathrm{T}},\boldsymbol{M}_2^{\mathrm{T}},\boldsymbol{M}_3^{\mathrm{T}},\boldsymbol{M}_4^{\mathrm{T}}]^{\mathrm{T}}$，$\boldsymbol{M}_1 = \left[-1,0,-\dfrac{3+\upsilon^{(1)}-\mu+\upsilon^{(1)}\mu}{3+\upsilon^{(1)}+\mu-\upsilon^{(1)}\mu},0\right]$，$\boldsymbol{M}_2 = [0,1,0,1]$，$\boldsymbol{M}_3 = \left[-1,0,-\dfrac{3+\upsilon^{(n)}-\mu+\upsilon^{(n)}\mu}{3+\upsilon^{(n)}+\mu-\upsilon^{(n)}\mu},0\right]\boldsymbol{T}_n\boldsymbol{Z}_n$，$\boldsymbol{M}_4 = [0,1,0,1]\boldsymbol{T}_n\boldsymbol{Z}_n$。

要使方程(7-68)有非零解，系数行列式需为零，即

$$\det[\boldsymbol{M}] = 0 \tag{7-69}$$

求解式(7-69)可得辛本征值，进而可由式(7-63)获得相应的辛本征解。

通过广义曲率与挠度间的关系，可以得到第 i 个材料区域中挠度的表达式

$$w_j^{(i)} = \frac{1}{D^{(i)}} r^{\mu+1} \boldsymbol{W}^{(i)} \boldsymbol{V}_i \boldsymbol{T}_i \boldsymbol{Z}_i \boldsymbol{F}_0^{(1)} \tag{7-70}$$

其中，
$\boldsymbol{W}^{(i)} = [\zeta^{(i)}\cos(1+\mu)\theta, -\zeta^{(i)}\sin(1+\mu)\theta, -\xi^{(i)}\cos(1-\mu)\theta, \xi^{(i)}\sin(1-\mu)\theta]$，$\boldsymbol{V}_i = \mathrm{diag}[\boldsymbol{\Lambda}(\eta,\gamma^{(i)}),\boldsymbol{\Lambda}(\overline{\eta},\gamma^{(i)})]$，且 $\zeta^{(i)} = 1/[(1+\mu)(1-\upsilon^{(i)})]$，$\xi^{(i)} = 1/(3+\upsilon^{(i)}+\mu-\upsilon^{(i)}\mu)$，$\gamma^{(i)} = \sum\limits_{j=1}^{i}\alpha^{(j)}$。$w_j^{(i)}$ 是极坐标系 θ_0 下材料区域 i 的第 j 个本征值 μ_j 对应的挠度解。根据挠度与转角的关系：

$$\varphi_x = \frac{\partial w}{\partial r}\sin\theta + \frac{1}{r}\frac{\partial w}{\partial\theta}\cos\theta, \quad \varphi_y = \frac{1}{r}\frac{\partial w}{\partial\theta}\sin\theta - \frac{\partial w}{\partial r}\cos\theta \tag{7-71}$$

由于切口尖端的转角是有限的，因此本征值实部小于零的项需要舍去。在后续计算中，辛本征值按实部大小升序排列。

最后，含 V 形切口多材料板的挠度可以表示为统一的形式：

$$w^{(i)} = \sum\limits_{j=1}^{M+3} a_j \overline{w}_j^{(i)} \tag{7-72}$$

其中，$\overline{w}_j^{(i)}$ 是 $[w_1^{(i)},\ w_2^{(i)},\cdots,\ w_M^{(i)},w_{01},\ w_{02},\ w_{03}]^{\mathrm{T}}$ 的统一形式；a_j 是相应的待

定系数；M 是所选取的非零本征解的项数。绕 x 轴的转角和绕 y 轴的转角可以通过式(7-71)计算。

7.5.2　辛离散有限元方程

含 V 形切口双材料板的整体采用离散 Kirchhoff 理论(DKT)单元进行划分，本文采用三节点三角形板单元，它具有足够的精度来计算应力强度因子。面积坐标为

$$L_i = \frac{1}{2\bar{A}}(\bar{a}_i + \bar{b}_i x + \bar{c}_i y) \tag{7-73}$$

其中，$\bar{A}$ 是单元面积，$i = 1,2,3$ 表示节点编号。$\bar{a}_1 = x_2 y_3 - x_3 y_2$，$\bar{a}_2 = x_3 y_1 - x_1 y_3$，$\bar{a}_3 = x_1 y_2 - x_2 y_1$，$\bar{b}_1 = y_2 - y_3$，$\bar{b}_2 = y_3 - y_1$，$\bar{b}_3 = y_1 - y_2$，$\bar{c}_1 = x_3 - x_2$，$\bar{c}_2 = x_1 - x_3$，$\bar{c}_3 = x_2 - x_1$。

节点的未知量包括沿 z 轴的挠度 w、围绕 x 轴的旋转角度 φ_x、围绕 y 轴的旋转角度 φ_y，其向量形式为 $\boldsymbol{u}_{\text{node}} = [w, \varphi_x, \varphi_y]^{\text{T}}$。单元中任意点的未知量向量都可以描述为

$$\boldsymbol{u}_{\text{e}} = \boldsymbol{N}\boldsymbol{\delta} \tag{7-74}$$

其中，$\boldsymbol{N} = [N_1, N_{x1}, N_{y1}, N_2, N_{x2}, N_{y2}, N_3, N_{x3}, N_{y3}]$，是面积坐标中的形函数；$\boldsymbol{\delta}$ 是由单元节点的未知量组成的向量。这里 $N_1 = L_1 + L_1^2 L_2 + L_1^2 L_3 - L_1 L_2^2 - L_1 L_3^2$，$N_{x1} = \bar{b}_2 L_1^2 L_3 - \bar{b}_3 L_1^2 L_2 + \frac{1}{2}(\bar{b}_2 - \bar{b}_3)L_1 L_2 L_3$，$N_{y1} = \bar{c}_2 L_1^2 L_3 - \bar{c}_3 L_1^2 L_2 + \frac{1}{2}(\bar{c}_2 - \bar{c}_3)L_1 L_2 L_3$，$N_2 = L_2 + L_2^2 L_3 + L_2^2 L_1 - L_2 L_3^2 - L_2 L_1^2$，$N_{x2} = \bar{b}_3 L_2^2 L_1 - \bar{b}_1 L_2^2 L_3 + \frac{1}{2}(\bar{b}_3 - \bar{b}_1)L_2 L_3 L_1$，$N_{y2} = \bar{c}_3 L_2^2 L_1 - \bar{c}_1 L_2^2 L_3 + \frac{1}{2}(\bar{c}_3 - \bar{c}_1)L_2 L_3 L_1$，$N_3 = L_3 + L_3^2 L_1 + L_3^2 L_2 - L_3 L_1^2 - L_3 L_2^2$，$N_{x3} = \bar{b}_1 L_3^2 L_2 - \bar{b}_2 L_3^2 L_1 + \frac{1}{2}(\bar{b}_1 - \bar{b}_2)L_3 L_1 L_2$，$N_{y3} = \bar{c}_1 L_3^2 L_2 - \bar{c}_2 L_3^2 L_1 + \frac{1}{2}(\bar{c}_1 - \bar{c}_2)L_3 L_1 L_2$。

离散 Kirchhoff 理论单元的势能可以表示为

$$\Pi_{\text{p}} = \frac{1}{2}\iint_\Omega \boldsymbol{\kappa}^{\text{T}} \boldsymbol{C}\boldsymbol{\kappa}\,\mathrm{d}x\mathrm{d}y - \iint_\Omega q\,\boldsymbol{u}_{\text{e}}\,\mathrm{d}x\mathrm{d}y \tag{7-75}$$

其中，Ω 是单元所占的面积；q 是施加在单元上的载荷；$\boldsymbol{C}$ 是材料的弹性刚度矩阵；$\boldsymbol{\kappa}$ 是笛卡尔坐标中的曲率向量。根据位移与曲率之间的关系，应用形函数，可以得到曲率向量与单元节点位移向量的关系，即

$$\boldsymbol{\kappa} = \boldsymbol{B}\boldsymbol{\delta} \tag{7-76}$$

其中，$\boldsymbol{B} = -\frac{1}{4A^2}\boldsymbol{T}[\boldsymbol{N}_{k,ii}^{\text{T}}, \boldsymbol{N}_{k,jj}^{\text{T}}, \boldsymbol{N}_{k,ij}^{\text{T}}]^{\text{T}}$，$\boldsymbol{N}_{h,ii}$ 表示形函数 $\boldsymbol{N}_k$ 对面积坐标 $\boldsymbol{L}_i$ 的二

次偏导数;$\boldsymbol{T} = \begin{bmatrix} \overline{b}_i^2 & \overline{b}_j^2 & 2\,\overline{b}_i\,\overline{b}_j \\ \overline{c}_i^2 & \overline{c}_j^2 & 2\,\overline{c}_i\,\overline{c}_j \\ 2\,\overline{b}_i\,\overline{c}_i & 2\,\overline{b}_j\,\overline{c}_j & 2(\overline{b}_i\,\overline{c}_j + \overline{b}_j\,\overline{c}_i) \end{bmatrix}$。

将式(7-74)和式(7-76)代入方程(7-75),可以得到

$$\Pi_{\mathrm{p}} = \frac{1}{2}\iint_{\Omega} \boldsymbol{\delta}^{\mathrm{T}}\,\boldsymbol{B}^{\mathrm{T}}\boldsymbol{C}\boldsymbol{B}\boldsymbol{\delta}\,\mathrm{d}x\mathrm{d}y - \boldsymbol{P}\boldsymbol{\delta} \tag{7-77}$$

这里的 $\boldsymbol{P}$ 是等效节点载荷。

按照最小势能原理,$\delta\Pi_{\mathrm{p}} = 0$,方程(7-77)可以转化为下列形式

$$\boldsymbol{K}_{\mathrm{e}}\boldsymbol{\delta} = \boldsymbol{P} \tag{7-78}$$

其中,$\boldsymbol{K}_{\mathrm{e}}$ 是单元刚度矩阵。将单元刚度矩阵按照节点的编号组装成整体刚度矩阵,可得到结构的有限元方程:

$$\boldsymbol{K}\boldsymbol{u} = \boldsymbol{f} \tag{7-79}$$

式中:$\boldsymbol{K}$、$\boldsymbol{u}$ 和 $\boldsymbol{f}$ 分别表示结构的整体刚度矩阵、节点位移向量和节点载荷向量。

整体板结构划分为两个区域:包含切口尖端奇异点的近场和远离切口尖端奇异点的远场,如图 7-2 所示。

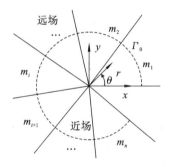

图 7-2 含 V 形切口多材料板的区域划分

整体结构的常规有限元的表达式可以改写为

$$\begin{bmatrix} \boldsymbol{K}_{\mathrm{NN}} & \boldsymbol{K}_{\mathrm{NF}} \\ \boldsymbol{K}_{\mathrm{FN}} & \boldsymbol{K}_{\mathrm{FF}} \end{bmatrix}\begin{bmatrix} \boldsymbol{u}_{\mathrm{N}} \\ \boldsymbol{u}_{\mathrm{F}} \end{bmatrix} = \begin{bmatrix} \boldsymbol{f}_{\mathrm{N}} \\ \boldsymbol{f}_{\mathrm{F}} \end{bmatrix} \tag{7-80}$$

下标"N"和"F"分别表示近场和远场。在进行断裂分析时,用有限元方法来计算应力强度因子,特别依赖于路径和网格的细化,只有在 V 形切口尖端附近有非常细的网格时得到的结果才会接近精确解。通常,网格细化技术被用来提高准确性,但是这样会导致较大的计算成本。为了克服这些问题,我们将辛体系中的解析结果作为全局插值函数引入有限元表达式中。

近场的节点数为 $N_{\Omega_{\mathrm{N}}}$,远场的节点数为 $N_{\Omega_{\mathrm{F}}}$,近场全部节点的位移可以表示为

$$\boldsymbol{u}_{\mathrm{N}} = \boldsymbol{\Phi}\boldsymbol{a} \tag{7-81}$$

$$\Phi_{nj} = \begin{cases} \overline{w}_j(r_m,\theta_m)\ ,\ n = 3m-2 \\ \overline{\varphi}_{xj}(r_m,\theta_m),\ n = 3m-1 \quad (m = 1,2,3,\cdots,N_{\Omega_N};j = 1,2,3,\cdots,M+3), \\ \overline{\varphi}_{yj}(r_m,\theta_m),\ n = 3m \end{cases}$$

其中 $\overline{\varphi}_x = \dfrac{\partial \overline{w}}{\partial r}\sin\theta + \dfrac{1}{r}\dfrac{\partial \overline{w}}{\partial \theta}\cos\theta$，$\overline{\varphi}_y = \dfrac{1}{r}\dfrac{\partial \overline{w}}{\partial \theta}\sin\theta - \dfrac{\partial \overline{w}}{\partial r}\cos\theta$。近场全部节点的位移 $\boldsymbol{u}_N = [\boldsymbol{u}_{\text{node}}(r_1,\theta_1),\ \boldsymbol{u}_{\text{node}}(r_2,\theta_2),\ \cdots,\boldsymbol{u}_{\text{node}}(r_{N_{\Omega_N}},\theta_{N_{\Omega_N}})]^{\text{T}}$，$\boldsymbol{a} = [a_1,a_2,\cdots,a_{M+3}]^{\text{T}}$ 是由本征解的待定系数组成的向量。$(r_m,\ \theta_m)$ 是第 m 个节点在极坐标系中的坐标。将方程(7-81)代入方程(7-80)，可以获得辛离散有限元方程：

$$\begin{bmatrix} \boldsymbol{\Phi}^{\text{T}} \boldsymbol{K}_{NN} \boldsymbol{\Phi} & \boldsymbol{\Phi}^{\text{T}} \boldsymbol{K}_{NF} \\ \boldsymbol{K}_{FN}\boldsymbol{\Phi} & \boldsymbol{K}_{FF} \end{bmatrix} \begin{bmatrix} \boldsymbol{a} \\ \boldsymbol{u}_F \end{bmatrix} = \begin{bmatrix} \boldsymbol{\Phi}^{\text{T}} \boldsymbol{f}_N \\ \boldsymbol{f}_F \end{bmatrix} \tag{7-82}$$

求解方程(7-81)，即可得到扩展辛系列的系数，从而获得近场的物理场解析解。辛离散有限元方程的维度为 $(M+3+3N_{\Omega_F})\times(M+3+3N_{\Omega_F})$，相比于常规有限元方程的维度 $3(N_{\Omega_N}+N_{\Omega_F})\times 3(N_{\Omega_N}+N_{\Omega_F})$ 明显降低，因此计算效率大大提升。这里需要指出的是，整体结构采用有限元单元进行离散，获得有限元方程，此时结构是具有协调性的。近场只是人为选取的靠近切口尖端的区域，并没有对结构进行近场、远场的分离。将近场节点坐标代入辛方法的位移解，获得转换矩阵，进而构造辛离散有限元方程，此过程仍保留原来的结构离散方式，并没有破坏结构的协调性。

7.5.3　数值算例

算例 1：中心含界面 V 形切口的双材料板

考虑一个中心界面处含菱形缺口的双材料板，如图 7-3 所示，板边长为 $2L$，菱形缺口的长度为 $2a$，板上下两边受均匀的弯曲载荷 M_0。两种材料的泊松比分别取 $\upsilon_1 = 0.3$，$\upsilon_2 = 0.3$。近场选为扇形区域，中心位于切口尖端，半径为 $0.5a$。

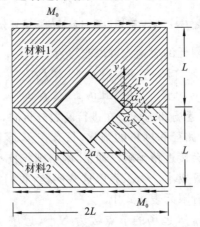

图 7-3　承受对边弯矩的中心含菱形缺口的双材料板

考虑四种切口角度，在不同的弹性模量比值下，不同的切口长度对应的归一化

应力强度系数 $K_1/(M_0\sqrt{a}/h^2)$、$K_2/(M_0\sqrt{a}/h^2)$ 列在表 7-1 和表 7-2 中。从表中可以看出，$E_1:E_2=5:4$ 对应的应力强度系数与均质板的结果相近，这意味着表中所得结果是合理可靠的。不同辛本征对项数的收敛性研究结果如图 7-4 所示，这里 $a/W=0.5$，$\alpha_1=\alpha_2=165°$，$E_1:E_2=5:4$。从图中可以看出，当辛本征对项数大于 30 时，辛离散有限元方法表现出快速的收敛性，可以得到精确的结果。

值得注意的是，应力强度系数随着切口角度的增加而单调增加，这与各向同性 V 形切口板的情况一致。此外，应力强度系数随着弹性模量比值的增加而增大。对于不同的弹性模量比，应力强度系数 K_1 几乎有着相同的增长趋势。而对于 K_2，弹性模量的比值越大，其增长趋势越明显，这种现象与含界面裂纹的板结构类似。可以推断，对称形状的双材料 V 形切口板的应力强度系数 K_2 是由于材料之间的不匹配产生的。选取结构的几何参数和材料参数为 $E_1=2.0\times10^{11}$ Pa，$E_1:E_2=5:4$，$\upsilon_1=0.3$，$\upsilon_2=0.1$，$L=1$ m，$h=0.1L$ 和 $M_0=1$ N·m。图 7-5、图 7-6 和图 7-7 分别列出了切口角度为 $\alpha_1=\alpha_2=150°$、$165°$ 和 $180°$ 时，切口尖端附近半径为 $r=0.5a$ 的扇形域的应力 σ_r、σ_θ 和 $\sigma_{r\theta}$ 的分布。从图中可以清楚地看出切口尖端处的应力集中情况和界面处的应力 σ_r 不连续情况。

表 7-1　中心含菱形缺口的双材料板的归一化应力强度系数 $K_1/(M_0\sqrt{a}/h^2)$

$E_1:E_2$	$\alpha_1=\alpha_2$	a/L						
		0.2	0.3	0.4	0.5	0.6	0.7	0.8
5:1		7.133	7.306	7.588	8.545	10.189	12.753	16.506
5:2	$135°$	6.858	6.975	7.311	8.136	9.780	12.092	15.694
5:3		6.736	6.799	7.154	7.808	9.425	11.660	15.076
5:4		6.659	6.724	7.007	7.582	9.165	11.327	14.721
5:1		6.346	6.478	6.688	7.196	8.370	10.157	13.099
5:2	$150°$	6.078	6.194	6.409	6.922	8.049	9.636	12.360
5:3		5.974	6.041	6.211	6.683	7.809	9.343	12.015
5:4		5.913	5.953	6.094	6.573	7.596	9.099	11.796
5:1		5.421	5.461	5.586	5.799	6.478	7.707	9.507
5:2	$165°$	5.210	5.259	5.399	5.634	6.256	7.371	9.121
5:3		5.131	5.162	5.280	5.487	6.104	7.175	8.819
5:4		5.086	5.119	5.182	5.398	6.013	6.980	8.678
5:1		4.502	4.509	4.536	4.784	5.241	5.924	7.065
5:2	$180°$	4.364	4.371	4.410	4.606	5.029	5.730	6.804
5:3		4.307	4.312	4.352	4.532	4.967	5.639	6.728
5:4		4.279	4.278	4.297	4.489	4.912	5.579	6.657

表 7-2　中心含菱形缺口的双材料板的归一化应力强度系数 $K_2 / (M_0 \sqrt{a} / h^2)$

$E_1 : E_2$	$\alpha_1 = \alpha_2$	a/L						
		0.2	0.3	0.4	0.5	0.6	0.7	0.8
5 : 1		1.295	1.395	1.560	1.883	2.949	5.003	6.868
5 : 2	135°	0.657	0.774	0.864	1.149	1.692	2.820	4.163
5 : 3		0.327	0.407	0.476	0.578	0.843	1.470	2.299
5 : 4		0.168	0.246	0.315	0.390	0.488	0.646	0.813
5 : 1		1.007	1.067	1.295	1.549	2.043	2.852	3.645
5 : 2	150°	0.522	0.569	0.738	0.946	1.226	1.622	1.995
5 : 3		0.286	0.310	0.366	0.502	0.685	0.919	1.162
5 : 4		0.105	0.116	0.156	0.218	0.293	0.366	0.452
5 : 1		0.804	0.840	0.913	1.078	1.283	1.593	1.921
5 : 2	165°	0.385	0.399	0.452	0.562	0.675	0.831	0.993
5 : 3		0.178	0.196	0.229	0.295	0.360	0.438	0.535
5 : 4		0.032	0.042	0.068	0.100	0.142	0.179	0.227
5 : 1		0.514	0.538	0.593	0.674	0.867	1.079	1.339
5 : 2	180°	0.265	0.279	0.328	0.376	0.455	0.545	0.671
5 : 3		0.081	0.089	0.107	0.134	0.162	0.196	0.276
5 : 4		0.012	0.015	0.019	0.020	0.023	0.041	0.069

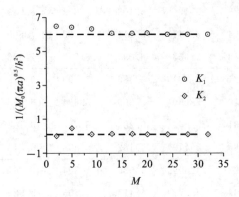

图 7-4　不同辛本征对项数对应的归一化应力强度系数

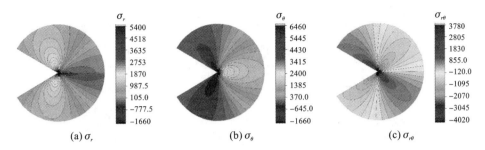

图 7-5　在 $r \leqslant 0.5a$ 区域内的应力分量的分布（$\alpha_1 = \alpha_2 = 150°$）

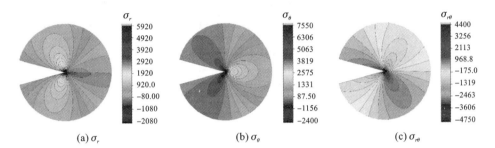

图 7-6　在 $r \leqslant 0.5a$ 区域内的应力分量的分布（$\alpha_1 = \alpha_2 = 165°$）

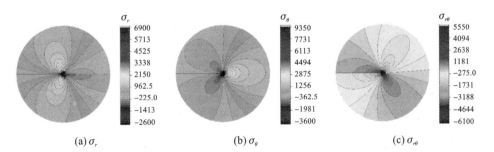

图 7-7　在 $r \leqslant 0.5a$ 区域内的应力分量的分布（$\alpha_1 = \alpha_2 = 180°$）

算例 2：多材料板计算结果和参数研究

这里考虑三个承受均匀弯矩载荷的多材料单边缺口板，结构形式如图 7-8 所示。近场选择半径为 $0.2L$ 的扇形域，中心位于切口尖端。其他计算参数如下。

（a）$n = 3$：$\alpha^{(1)} = \alpha^{(2)} = \alpha^{(3)}$，$E^{(1)} : E^{(2)} : E^{(3)} = 1 : 2 : 1$。

（b）$n = 4$：$\alpha^{(1)} = \alpha^{(2)} = \alpha^{(3)} = \alpha^{(4)}$，$E^{(1)} : E^{(2)} : E^{(3)} : E^{(4)} = 1 : 2 : 2 : 1$。

（c）$n = 5$：$\alpha^{(1)} = \alpha^{(2)} = \alpha^{(3)} = \alpha^{(4)} = \alpha^{(5)}$，$E^{(1)} : E^{(2)} : E^{(3)} : E^{(4)} : E^{(5)} = 1 : 2 : 3 : 2 : 1$。

首先，研究切口角度对应力奇异性阶数的影响，如图 7-9 所示，材料的弹性模量比保持不变。从图中可以看出，只出现复数形式的应力奇异性阶数，并且随着切

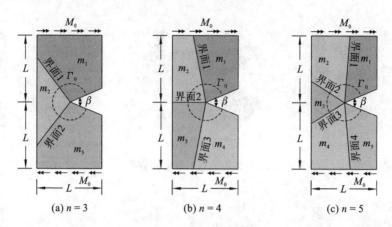

图 7-8　承受对边弯矩的含界面 V 形切口的多材料板

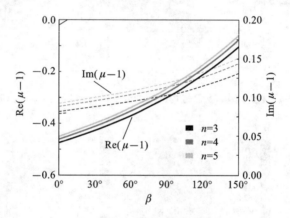

图 7-9　不同材料数量板中应力奇异性阶数随切口角度的变化情况

口角度的增加,应力奇异性阶数也增加。值得注意的是,当切口角度小于某个值(约 7°)时,三材料切口板产生两对共轭复数奇异性阶数,而四材料切口板和五材料切口板对任意切口角度都只有一对共轭复数奇异性阶数。这些结果表明,奇异性阶数的数量和大小很大程度上取决于缺口的大小。这些特征实际上是由各个材料区域几何形状参数的变化引起的。在同样的结构及载荷形式下,界面处的应力强度系数随切口角度的变化情况如表 7-3 和表 7-4 所示。由于水平方向上的几何形状和材料对称性,相互对称的界面处的应力强度系数是相同的,这也意味着所得数据是合理可靠的。由表 7-3 可知,无论材料区域数 n 是多少,应力强度系数 K_1 都随着切口角度 β 的增加而单调增加,这种现象类似于含 V 形切口的各向同性板。但是,表 7-4 中的应力强度系数 K_2 具有两种完全不同的变化趋势。对于 $n = 4$ 和 5,应力强度系数 K_2 随切口角度的增加而减小,而对于 $n = 3$,应力强度系数

K_2 随切口角度的增加而增加。这些结果表明切口角度对应力强度系数有着显著的影响。此外，可观察到最大的 I 型应力强度系数出现在切口的前方界面处，即切口延伸方向，而最大的 II 型应力强度系数出现在切口的两侧界面处。

表 7-3　不同切口角度对应的归一化应力强度系数 $K_1/(M_0\sqrt{a}/h^2)$

n	界面	β				
		$0°$	$30°$	$60°$	$90°$	$120°$
3	界面 1	0.16951	0.51332	2.6449	8.0512	14.507
	界面 2	0.16951	0.51332	2.6449	8.0512	14.507
4	界面 1	2.1047	2.2055	2.3411	2.7181	3.0656
	界面 2	7.0613	8.8939	11.888	15.837	20.652
	界面 3	2.1047	2.2055	2.3411	2.7181	3.0656
5	界面 1	4.3432	4.8541	6.4634	8.0888	9.7825
	界面 2	5.2668	7.1469	10.784	16.915	24.192
	界面 3	5.2668	7.1469	10.784	16.915	24.192
	界面 4	4.3432	4.8541	6.4634	8.0888	9.7825

表 7-4　不同切口角度对应的归一化应力强度系数 $K_2/(M_0\sqrt{a}/h^2)\times 10^{-3}$

n	界面	β				
		$0°$	$30°$	$60°$	$90°$	$120°$
3	界面 1	0.18272	0.19853	0.21214	0.24975	0.33306
	界面 2	0.18272	0.19853	0.21214	0.24975	0.33306
4	界面 1	2.5242	1.9142	1.5819	1.4187	1.1395
	界面 2	2.9368	2.7868	2.6273	2.5533	2.4867
	界面 3	2.5242	1.9142	1.5819	1.4187	1.1395
5	界面 1	3.8432	3.0458	2.4286	1.8967	1.6228
	界面 2	1.8346	1.1247	0.47243	0.26933	0.23862
	界面 3	1.8346	1.1247	0.47243	0.26933	0.23862
	界面 4	3.8432	3.0458	2.4286	1.8967	1.6228

其次，针对三种含 V 形切口多材料板结构，研究材料间的差异对应力奇异性的影响。材料的泊松比都定为 0.3，$\beta = 0°$。三种结构的几何参数和材料参数

取为

(a)$n = 3$：$\alpha^{(1)} = \alpha^{(2)} = \alpha^{(3)} = 120°$，$E^{(1)} : E^{(2)} : E^{(3)} = 1 : 2 : X$。

(b)$n = 4$：$\alpha^{(1)} = \alpha^{(2)} = \alpha^{(3)} = \alpha^{(4)} = 90°$，$E^{(1)} : E^{(2)} : E^{(3)} : E^{(4)} = 1 : 2 : 3 : X$。

(c)$n = 5$：$\alpha^{(1)} = \alpha^{(2)} = \alpha^{(3)} = \alpha^{(4)} = \alpha^{(5)} = 72°$，$E^{(1)} : E^{(2)} : E^{(3)} : E^{(4)} : E^{(5)} = 1 : 2 : 3 : 4 : X$。

其中 X 是变化的材料参数比值，代表最后一种材料的弹性模量。应力奇异性阶数随 X 的变化情况如图 7-10、图 7-11 和图 7-12 所示。图 7-11 和图 7-12 的曲线有着相似的变化趋势，奇异性阶数的实部随着 X 的增加而减小，奇异性阶数的虚部随 X 的增加先减小后增加。相比而言，图 7-10 中的变化趋势更加复杂。先取 $X = 1$，奇异性阶数先表现为 4 个不同的实数。随着 X 的增加，奇异性阶数变为两对共轭复数形式，其中一对共轭复数的实部随 X 的增加而增加，到达某一个值（约 4.2）的时候该实部大于零，不表现出奇异性。之后奇异性阶数表现为一对共轭复数的形式。为了进一步研究材料属性的影响，针对不同多材料板结构，将应力强度系数随 X 的变化情况列在表 7-5 和表 7-6 中。从表中的数据可以清楚地看出，应力强度系数受到材料弹性模量不匹配性的强烈影响，并且它们的变化趋势是不规则的。Ⅰ 型和 Ⅱ 型应力强度系数的最大值不仅可能出现在切口前端界面处，还可能出现在切口的侧边界面处。

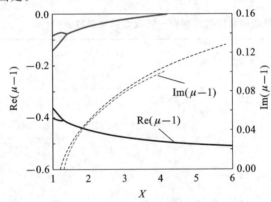

图 7-10　三材料板中应力奇异性阶数随弹性模量 X 的变化情况

此外，为了更好地展示切口尖端处的应力集中现象和界面处的不连续性，我们分别取 $n=3$，$E^{(1)} : E^{(2)} : E^{(3)} = 1 : 2 : 1$；$n = 4$，$E^{(1)} : E^{(2)} : E^{(3)} : E^{(4)} = 1 : 2 : 2 : 1$；$n = 5$，$E^{(1)} : E^{(2)} : E^{(3)} : E^{(4)} : E^{(5)} = 1 : 2 : 3 : 2 : 1$。多材料板结构的近场中的应力分量 σ_r、σ_θ 和 $\sigma_{r\theta}$ 的分布分别如图 7-13、图 7-14 和图 7-15 所示。

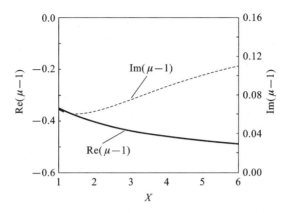

图 7-11 四材料板中应力奇异性阶数随弹性模量 X 的变化情况

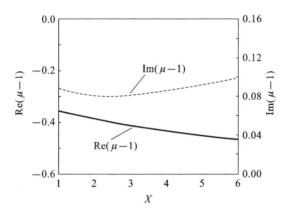

图 7-12 五材料板中应力奇异性阶数随弹性模量 X 的变化情况

表 7-5 不同弹性模量比值 X 对应的归一化应力强度系数 $K_1/(M_0\sqrt{a}/h^2)$

n	界面	X					
		1	2	3	4	5	6
3	界面 1	0.16951	0.16473	0.16086	0.15593	0.15576	0.15531
	界面 2	0.16951	0.18448	0.20741	0.23327	0.25962	0.29123
4	界面 1	0.10387	0.10307	0.18746	0.30295	0.38494	0.49544
	界面 2	3.5460	3.0135	2.6385	2.4642	2.3499	2.2657
	界面 3	1.6416	1.4434	1.2866	1.2214	1.2017	1.2035

续表

n	界面	X					
		1	2	3	4	5	6
5	界面 1	0.17367	0.13190	0.09979	0.05667	0.03521	0.03168
	界面 2	3.4042	2.9521	2.6020	2.4032	2.2829	2.2038
	界面 3	1.4942	1.3433	1.2296	1.1602	1.1143	1.0627
	界面 4	1.3071	1.6013	1.7509	1.7996	1.8287	1.8569

表 7-6　不同弹性模量比值 X 对应的归一化应力强度系数 $K_2/(M_0\sqrt{a}/h^2) \times 10^{-3}$

n	界面	X					
		1	2	3	4	5	6
3	界面 1	0.18272	0.15953	0.13871	0.12666	0.11864	0.11308
	界面 2	0.18272	0.16399	0.14447	0.13471	0.12970	0.12753
4	界面 1	0.90605	0.71972	0.63449	0.59818	0.57660	0.56147
	界面 2	0.53051	0.35451	0.23839	0.18227	0.15021	0.12880
	界面 3	0.88568	0.69385	0.61501	0.57174	0.53638	0.51667
5	界面 1	0.56776	0.48938	0.42408	0.36471	0.34646	0.33744
	界面 2	0.96598	0.88814	0.83455	0.80076	0.77886	0.75777
	界面 3	1.9653	1.7277	1.5205	1.3453	1.2203	1.1280
	界面 4	1.1708	0.76166	0.46856	0.26633	0.15966	0.09954

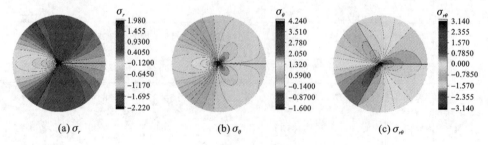

(a) σ_r　　　　　　　(b) σ_θ　　　　　　　(c) $\sigma_{r\theta}$

图 7-13　在 $r \leqslant 0.5a$ 区域内的应力分量的分布 ($n = 3$, $\beta = 0$)

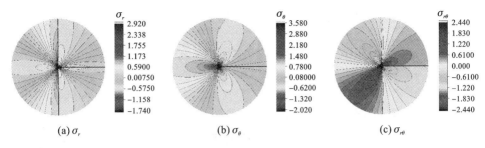

图 7-14 在 $r \leqslant 0.5a$ 区域内的应力分量的分布 ($n = 4$, $\beta = 0$)

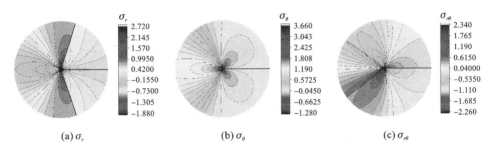

图 7-15 在 $r \leqslant 0.5a$ 区域内的应力分量的分布 ($n = 5$, $\beta = 0$)

思 考 题

1. 界面处的应力是否具有连续性?

2. 研究板弯曲断裂问题时,沿板厚方向的应力是否一致? 有什么规律?

3. 计算板弯曲断裂的应力强度因子时,应该考虑哪个位置的应力?

4. 交汇于一点的界面数量对应力强度因子有什么影响?

参 考 文 献

[1] 张双寅. 复合材料断裂力学[J]. 力学进展, 1980(Z1): 99-112.

[2] 李群, 欧卓成, 陈宜亨. 高等断裂力学[M]. 北京:科学出版社, 2017.

[3] 王敏中, 赵颖涛. 二维各向异性弹性力学的 Stroh 公式及其推广[J]. 力学与实践, 2001(06): 7-15,30.

[4] 许金泉. 界面力学[M]. 北京:科学出版社, 2006.

第8章　加筋板结构断裂止裂分析

加筋板结构可有效阻止裂纹扩展。对含裂纹的加筋板的分析可采用解析法和有限元数值方法等。解析法基于复应力函数理论,考虑筋条与板之间的位移协调关系,对含裂纹加筋板的求解实际上是一种半解析方法,该方法对于研究加筋板断裂止裂机理、分析各物理力学参数对结构剩余强度的影响,具有非常重要的工程意义。

以下基于解析法的原理对有限加筋板和局部加强无限大板的线弹性断裂及止裂进行分析计算。

8.1　有限加筋板的线弹性断裂分析

在对含裂纹有限加筋板的研究中,将加筋板离散为筋条和裂纹板的结构,考虑筋条和裂纹板之间的位移协调关系,采用边界配置法进行分析计算。边界配置法选取的权函数严格满足问题的控制微分方程,特别适用于处理场量变化梯度较大的问题。边界配置法针对问题的特点确定权函数和试函数,使所假设的应力函数满足裂纹尖端附近应力场的奇异性质,计算精度大大提高。

基于复应力函数理论进行裂纹问题的边界配置计算时,以 Muskhelishvili 关于平面弹性力学问题的解析函数解法和 Hilbert 边值问题解法为基础,通过复应力函数 $\varphi(z)$ 和 $\omega(z)$,给出一种位移-合力-应力模式。它恒满足:①开裂物体内部的平衡方程和相容方程;②裂纹表面的无载荷条件;③围绕裂纹的位移单值条件。函数 $\varphi(z)$ 和 $\omega(z)$ 中的待定系数由板周界上的边界条件决定。

8.1.1　弹性力学控制方程

科学研究中的许多问题往往可归结为在一定边值条件下求解其控制微分方程或微分方程组的问题。以下就裂纹问题的特点讨论应力函数可能选取的形式。

考虑一体积为 V 的均匀线弹性体,设 S 为 V 的表面,n_j 为 S 的外法向单位矢量。弹性力学问题的平衡方程为(遵循张量运算中的求和约定)

$$\frac{\partial \boldsymbol{\sigma}_{ij}(\boldsymbol{x})}{\partial \boldsymbol{x}_j} + f_i(\boldsymbol{x}) = \boldsymbol{0}, \qquad \boldsymbol{x} \in V \tag{8-1}$$

式中:$\boldsymbol{x}$ 为空间位置矢量;$\boldsymbol{\sigma}_{ij}(\boldsymbol{x})$ 为 $\boldsymbol{x}$ 处的应力张量,它是一个对称张量,即 $\boldsymbol{\sigma}_{ij} = \boldsymbol{\sigma}_{ji}$;$f_i(\boldsymbol{x})$ 为 $\boldsymbol{x}$ 处的体力密度矢量。以 $\boldsymbol{u}_i(\boldsymbol{x})$ 表示 $\boldsymbol{x}$ 处质点的位移矢量,应力位移关系遵循胡克定律:

$$\boldsymbol{\sigma}_{ij} = c_{ijkl} \frac{\partial \boldsymbol{u}_k}{\partial \boldsymbol{x}_l} \tag{8-2}$$

式中：c_{ijkl} 为弹性常数，对于各向同性弹性体，它可表示为

$$c_{ijkl} = \lambda \delta_{ij} \delta_{kl} + \mu (\delta_{ik} \delta_{jl} + \delta_{il} \delta_{jk}) \tag{8-3}$$

式中：λ 和 μ 为拉梅弹性常数；δ_{ij} 为克罗内克 δ 函数，即

$$\delta_{ij} = \begin{cases} 1 & i = j \\ 0 & i \neq j \end{cases} \tag{8-4}$$

将式(8-2)代入式(8-1)，可得到以位移表示的平衡方程：

$$c_{ijkl} \frac{\partial^2 \boldsymbol{u}_k(\boldsymbol{x})}{\partial \boldsymbol{x}_l \partial \boldsymbol{x}_j} + \boldsymbol{f}_i(\boldsymbol{x}) = \boldsymbol{0} \tag{8-5}$$

设 $S = S_u + S_\sigma$，在表面 S 上的边界条件为

$$\begin{cases} \boldsymbol{\sigma}_{ij}(\boldsymbol{x}) \boldsymbol{n}_j(\boldsymbol{x}) = \overline{\boldsymbol{p}}_i(\boldsymbol{x}) & \boldsymbol{x} \in S_\sigma \\ \boldsymbol{u}_i(\boldsymbol{x}) = \overline{\boldsymbol{u}_i}(\boldsymbol{x}) & \boldsymbol{x} \in S_u \end{cases} \tag{8-6}$$

平衡方程式(8-5)和边界条件式(8-6)构成弹性力学的定解问题。

8.1.2　线弹性裂纹问题的复应力函数

下面就裂纹问题的特点讨论应力函数可能选取的形式。

采用复应力函数 $\varphi(z)$、$\psi(z)$ 和它们的导数来表示平面内任意一点的位移和应力，能使问题的平衡方程自然得到满足。结合裂纹问题的特点选取应力函数，使该函数能描述裂纹尖端应力场的奇异性质，这对用边界配置法求解裂纹问题时精度和效率的提高是非常重要的。

8.1.2.1　应力与位移公式

平面内任意一点的位移和应力可利用应力函数 $\varphi(z)$、$\psi(z)$ 和它们的导数表示，其应力和位移的表达式如下：

$$\begin{cases} \sigma_x + \sigma_y = 2[\Phi(z) + \overline{\Phi(z)}] \\ \sigma_y - \sigma_x + 2i\tau_{xy} = 2[\bar{z}\Phi'(z) + \Psi(z)] \\ 2\mu(u + iv) = k\varphi(z) - z\overline{\Phi(z)} - \overline{\psi(z)} \end{cases} \tag{8-7}$$

可以看出，这些应力函数满足平衡方程和相容方程。

8.1.2.2　边界条件

设物体边界上所受的面力已知，令 X_n 和 Y_n 为面力沿 x 方向和 y 方向的分量。如图 8-1 所示，用 N 表示边界外法线方向，并令 N 的方向余弦为

$$\cos(N, x) = l, \quad \cos(N, y) = m$$

则边界上应力分量与面力分量之间的关系为

$$\begin{cases} l\sigma_x + m\tau_{xy} = X_n \\ m\sigma_y + l\tau_{xy} = Y_n \end{cases} \tag{8-8}$$

将式(8-7)代入式(8-8)，即得边界上面力用复应力函数 $\varphi(z)$ 和 $\psi(z)$ 表示的形式。

考虑一段边界 AB，如图 8-1 所示。AB 上所受的面力的合力为

$$X + \mathrm{i}Y = \int_{AB} (X_n + \mathrm{i}Y_n)\,\mathrm{d}S$$

$$= -\mathrm{i}\left[\varphi(z) + z\overline{\varphi'(z)} + \overline{\psi(z)}\right]_A^B \tag{8-9}$$

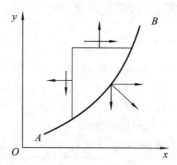

图 8-1　应力边界条件

式(8-9)为合力边界条件的表达式。

8.1.2.3　裂纹问题复应力函数的选择

为方便起见，引入函数 $\omega(z)$：

$$\omega(z) = z\overline{\varphi'(z)} + \overline{\psi(z)} \tag{8-10}$$

令

$$\Omega(z) = \omega'(z)$$

则 $\Omega(z)$ 可以写成

$$\Omega(z) = \overline{\Phi}(z) + z\overline{\Phi'}(z) + \overline{\psi'}(z) \tag{8-11}$$

则式(8-7)中应力、位移和边界上的合力可表示为

$$\begin{cases} \sigma_x + \sigma_y = 4\mathrm{Re}\Phi(z) \\ \sigma_y - \mathrm{i}\tau_{xy} = \Phi(z) + \Omega(\bar{z}) + (z - \bar{z})\overline{\Phi'(z)} \\ 2\mu(u + \mathrm{i}v) = k\varphi(z) - \omega(\bar{z}) - (z - \bar{z})\overline{\Phi(z)} \\ X + \mathrm{i}Y = -\mathrm{i}\left[\varphi(z) + \omega(\bar{z}) + (z - \bar{z})\overline{\Phi(z)}\right]_A^B \end{cases} \tag{8-12}$$

式(8-12)中的第 4 式又可写成

$$-Y + \mathrm{i}X = \left[\varphi(z) + \omega(\bar{z}) + (z - \bar{z})\overline{\Phi(z)}\right] - C \tag{8-13}$$

$$C = C_1 + \mathrm{i}C_2 = \left[\varphi(z) + \omega(\bar{z}) + (z - \bar{z})\overline{\Phi(z)}\right]_{z = z_0}$$

其中，X、Y 为从点 $z_0(x_0, y_0)$ 起沿曲线向 $z(x, y)$ 前进时右侧对左侧施加的合力；z_0 表示边界上的任一定点，该点合力大小为常数 C，合力积分正向规定使被积分区域位于积分线的左侧。

考虑含直裂纹的有限物体，且裂纹面不受载荷的情形，如图 8-2 所示。设 $z = t$ 为裂纹面上的点，$f^+(t)$ 和 $f^-(t)$ 分别表示动点 z 从裂纹上侧和裂纹下侧趋近裂纹面时解析函数 $f(z)$ 的值。由式(8-12)中第 2 式可得 $\Phi^+(t) + \Omega^-(t) = \sigma_y^+ - \mathrm{i}\tau_{xy}^+$，$\Phi^-(t) + \Omega^+(t) = \sigma_y^- - \mathrm{i}\tau_{xy}^-$，在裂纹表面上。

由于裂纹表面无载荷作用,因此有

$$
\begin{cases}
\Phi^{+}(t) + \Omega^{-}(t) = 0 \\
\Phi^{-}(t) + \Omega^{+}(t) = 0
\end{cases}
\tag{8-14}
$$

将式(8-14)中两式相加及相减,得

$$
\begin{cases}
[\Phi(t) + \Omega(t)]^{+} + [\Phi(t) + \Omega(t)]^{-} = 0 \\
[\Phi(t) - \Omega(t)]^{+} - [\Phi(t) - \Omega(t)]^{-} = 0
\end{cases}
\tag{8-15}
$$

式(8-15)为解析函数的 Hilbert 边值问题。

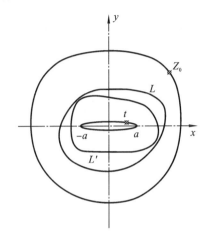

图 8-2　含直裂纹的有限物体

注意到下列函数 $X(z)$ 的表示式和性质:

$$
X(z) = \sqrt{z^2 - a^2}
\tag{8-16}
$$

在图 8-3 所示的坐标系中,有

$$
z - a = r_1 \mathrm{e}^{i\theta_1}, \qquad z + a = r_2 \mathrm{e}^{i\theta_2}
$$

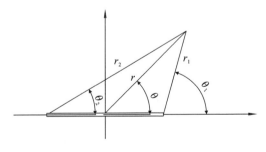

图 8-3　裂纹中点和端点的坐标

因此

$$
X(z) = \sqrt{r_1 r_2}\, \mathrm{e}^{i(\theta_1 + \theta_2)/2}
$$

当点 t 位于裂纹面上侧时，$\theta_1 = \pi$，$\theta_2 = 0$，于是

$$X^+(t) = \sqrt{r_1 r_2}\, \mathrm{e}^{\mathrm{i}\pi/2} = \mathrm{i}\,\sqrt{r_1 r_2}$$

当点 t 位于裂纹面下侧时，$\theta_1 = \pi$，$\theta_2 = 2\pi$，于是

$$X^-(t) = \sqrt{r_1 r_2}\, \mathrm{e}^{\mathrm{i}3\pi/2} = -\mathrm{i}\,\sqrt{r_1 r_2}$$

因此有

$$X^+(t) = -X^-(t) \tag{8-17}$$

考虑到裂纹尖端附近应力场具有 $r^{-1/2}$ 的奇异性，且 $\Phi(z)$ 和 $\Omega(z)$ 应满足 Hilbert 条件，边值问题可以有解：

$$\begin{cases} \Phi(z) + \Omega(z) = \dfrac{2}{\sqrt{z^2 - a^2}} \displaystyle\sum_{n=0}^{N+1} A_n z^n \\[3mm] \Phi(z) - \Omega(z) = 2\displaystyle\sum_{n=0}^{N+1} B_n z^n \end{cases} \tag{8-18}$$

则有

$$\begin{cases} \Omega(z) = \dfrac{1}{\sqrt{z^2 - a^2}} \displaystyle\sum_{n=0}^{N+1} A_n z^n - \sum_{n=0}^{N+1} B_n z^n \\[3mm] \Phi(z) = \dfrac{1}{\sqrt{z^2 - a^2}} \displaystyle\sum_{n=0}^{N+1} A_n z^n + \sum_{n=0}^{N+1} B_n z^n \end{cases} \tag{8-19}$$

其中，A_n、B_n 为待定复系数，可根据边界条件确定其值；N 为所取幂级数的项数。

由位移表达式可知，函数 $\Phi(z)$、$\Omega(z)$ 应满足下列位移单值条件：

$$k\int_L \Phi(z)\mathrm{d}z - \int_{L'} \Omega(z)\mathrm{d}z = 0 \tag{8-20}$$

其中，L 和 L' 为图 8-2 所示的闭围道。上述条件相当于诸系数 A_n（$n = 0,1,\cdots,$ $N+1$）之间有某种关系，也就是说，若这一条件满足，位移是单值的，否则，位移不是单值的，即相应的复应力函数不是真正的解。

为计算位移方便，对式（8-19）积分，可得 $\varphi(z)$、$\omega(z)$ 表达式：

$$\begin{cases} \varphi(z) = \sqrt{z^2 - a^2} \displaystyle\sum_{n=0}^{N} C_n z^n + \sum_{n=0}^{N} B_n z^{n+1}/(n+1) \\[3mm] \omega(z) = \sqrt{z^2 - a^2} \displaystyle\sum_{n=0}^{N} C_n z^n - \sum_{n=0}^{N} B_n z^{n+1}/(n+1) \end{cases} \tag{8-21}$$

式中：C_n、B_n 为复值系数。因为式中所示的 $\varphi(z)$、$\omega(z)$ 本身在开裂区域上是单值的，由式（8-12）中第 3 式可知，此时相应的位移必然是单值的。显然，由式（8-21）可以导出函数 $\Phi(z) = \varphi'(z)$，$\Omega(z) = \omega'(z)$，这些复应力函数一定满足本问题所述的三个条件。式（8-21）中的系数 C_n、B_n（$n = 1,2,\cdots,N$）由板的边界条件决定。

8.1.3　边界配置方法求解含中心裂纹有限板的问题

8.1.3.1　边界配置法

图 8-4 所示为受拉伸载荷作用的含中心裂纹有限板结构示意图,裂纹长度为 $2a$。

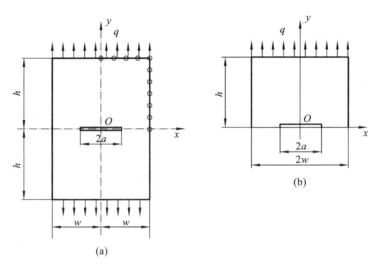

(a)

(b)

图 8-4　含中心裂纹的有限板

对于图 8-4 中结构和受力均对称于轴 x、y 的情况,可选取 $\varphi(z)$、$\omega(z)$ 为

$$\begin{cases} \varphi(z) = \sqrt{z^2 - a^2} \sum_{k=1}^{M} E_k z^{2k-2} + \sum_{k=1}^{M} F_k z^{2k-1} \\ \omega(z) = \sqrt{z^2 - a^2} \sum_{k=1}^{M} E_k z^{2k-2} - \sum_{k=1}^{M} F_k z^{2k-1} \end{cases} \tag{8-22}$$

其中,E_k、F_k 均为实系数,上述系数的性质和项数的选择应使对称条件得到满足。

对于图 8-4 所示的受拉应力作用的边界问题,周边上合力 Y 的分布如图 8-5 所示。显然,周边上各点 X 均为零。

在式(8-22)中,幂级数项数应事先选定,于是未知数的个数也就确定了。根据未知数的个数,可以选定配点个数,即确定方程个数。当方程个数等于未知数个数时,线性方程组可以求解,通常为得到较好的结果,可取较多配点,用最小二乘法求解待定系数 E_k、F_k。

对于图 8-4 所示的边界问题,可选择结构对称的一半(图 8-4(b))或结构的四分之一进行计算,将结构的周边进行等分,顺次取 $P_0,P_1,P_2,\cdots,P_N$ 共 $N+1$ 个点。常数 C 在计算中可以通过不同配点所得的方程两两相减而消去,因此在计算时可略去。由式(8-12)可建立下列边界条件:

$$\begin{cases} \operatorname{Re}\left[\varphi(z)+\omega(\bar{z})+(z-\bar{z})\overline{\Phi(z)}\right]_{z=P_i} = -Y|_{z=P_i} & i=0,1,2,\cdots,N \\ \operatorname{Im}\left[\varphi(z)+\omega(\bar{z})+(z-\bar{z})\overline{\Phi(z)}\right]_{z=P_i} = X|_{z=P_i} & i=0,1,2,\cdots,N \end{cases} \tag{8-23}$$

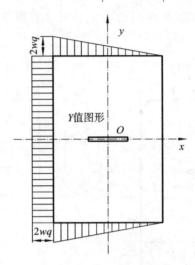

图 8-5　合力 Y 值分布图

将式(8-22)代入式(8-23)，得到关于 E_k、$F_k(k=1,2,3,\cdots,M)$ 共 $2M$ 个未知数的 $2N$ 阶线性代数方程组。当 $N>M$，即方程个数多于未知数个数时，用最小二乘法求解，即边界条件在最小平方误差意义下得到满足。求解出 E_k、F_k 后，即可求解得到本问题的应力函数。对式(8-22)中第 1 式求导可得

$$\Phi(z) = \sum_{k=1}^{M} \frac{(2k-1)z^{2k-1} - (2k-2)a^2 z^{2k-3}}{\sqrt{(z^2-a^2)}} E_k + \sum_{k=1}^{M} (2k-1)z^{2k-2} F_k \tag{8-24}$$

应力强度因子为

$$K_{\mathrm{I}} = \lim_{z\to a} 2\sqrt{2\pi(z-a)}\Phi(z) = \sum_{k=1}^{M} E_k \frac{2a^{2k-1}}{\sqrt{a}}\sqrt{\pi} \tag{8-25}$$

8.1.3.2　实例计算

针对本问题的研究，编制边界配置法的计算程序，计算均布拉伸载荷下含中心裂纹有限板的应力强度因子。值得注意的是，边界配点数和式(8-24)中 M 值的选取对计算结果的精度有较大的影响，选取合适的边界配点数和 M 值非常重要。

为便于表达，将计算结果中的应力强度因子表示为无限大含裂纹板应力强度因子的修正形式：

$$K_{\mathrm{I}} = F_{\mathrm{t}}\left(\frac{a}{w},\frac{h}{w}\right)q\sqrt{\pi a} \tag{8-26}$$

其中，修正系数 $F_{\mathrm{t}}\left(\dfrac{a}{w},\dfrac{h}{w}\right)$ 和边界条件如裂纹相对长度 a/w、板的高宽比 h/w 与

载荷分布情况等有关。表 8-1 给出了图 8-4 所示受力情况下不同的板高宽比、裂纹相对长度下的 $F_t\left(\dfrac{a}{w},\dfrac{h}{w}\right)$ 值。同时,用本方法可计算得到板上各点的应力和位移分布。

表 8-1　均布拉伸载荷下修正系数 $F_t\left(\dfrac{a}{w},\dfrac{h}{w}\right)$

h/w	修正系数							
	a/w							
	0.1	0.2	0.3	0.4	0.5	0.6	0.7	0.8
0.5	1.0457	1.1746	1.3709	1.6293	1.9671	2.4240	3.0396	3.7726
0.7	1.0260	1.1028	1.2279	1.3998	1.6187	1.8837	2.1921	2.5777
1	1.0139	1.0554	1.1232	1.2161	1.3337	1.4808	1.6770	1.9922
1.3	1.0086	1.0344	1.0780	1.1409	1.2280	1.3502	1.5346	1.8510
1.5	1.0071	1.0286	1.0660	1.1220	1.2027	1.3209	1.5045	1.8224
1.7	1.0064	1.0261	1.0608	1.1140	1.1924	1.3093	1.4925	1.8081
1.9	1.0061	1.0251	1.0587	1.1108	1.1884	1.3049	1.4875	1.8004
2.5	1.0060	1.0242	1.0570	1.1068	1.1814	1.2979	1.4639	1.7688
3	1.0055	1.0250	1.0553	1.1074	1.1757	1.2556	1.4362	1.6838

从表 8-1 的数据结果中可以看到,系数 $F_t\left(\dfrac{a}{w},\dfrac{h}{w}\right)$ 的值均大于 1,显然,由于边界条件的不同,有限板的应力强度因子比无限板的应力强度因子要大。

8.1.4　有限加筋板应力强度因子的分析与计算

加筋板可提高结构的刚度和强度。当结构中出现裂纹时,筋条还具有止裂和提高结构承载力的作用。含裂纹加筋板与含裂纹平板相比在断裂特性方面有很大差别。当板中存在裂纹时,板的刚度下降,加筋板有限制裂纹张开的作用。下面对有限加筋板的应力强度因子进行分析计算。本研究不考虑含裂纹加筋板在受载过程中出现的面外弯曲现象。

8.1.4.1　含中心裂纹有限加筋板问题的分析方法

如图 8-6 所示,加筋板中心具有长度为 $2a$ 的穿透裂纹,假设加筋板的截面形心位于平板的中心面之内,两端承受均布拉应力 q 作用,板材弹性模量为 E,加筋板弹性模量为 E_s。

为便于分析,将有限加筋板离散化为含中心裂纹的有限板和筋条的结构,如图 8-7 所示。这样,图 8-6 所示的含中心裂纹的有限加筋板的问题分解为两个问题:①有限板受均布力 q 和边界切向力 Q_s 的作用;②筋条受拉力 Q_s 作用。

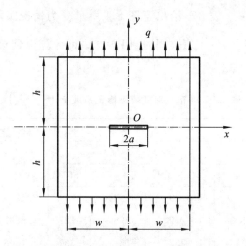

图 8-6　含中心裂纹有限加筋板

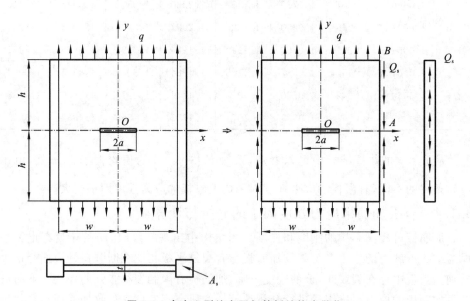

图 8-7　含中心裂纹有限加筋板结构离散化

近似地可将切向力 Q_s 离散化为作用于有限数量的 N 个点处的力。这样,对于受拉应力 q 和边界力 Q_s 作用的有限板,运用叠加原理,其裂纹尖端的应力强度因子可表示为

$$K_{\mathrm{I}} = K_{\mathrm{I}q} + \sum_{i=1}^{N} K_{\mathrm{I}i} Q_i \tag{8-27}$$

其中,$K_{\mathrm{I}q}$ 为均布力 q 所产生的裂纹尖端的应力强度因子;$K_{\mathrm{I}i}$ 为第 i 点的单位边界切向力所产生的应力强度因子;Q_i 为第 i 点的切向力;N 为所划分的边界配点数,如图 8-8 所示。

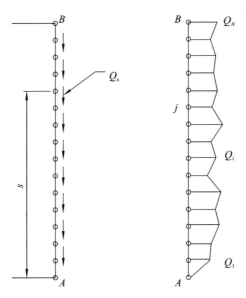

图 8-8　含中心裂纹有限板边界配点情况

有限裂纹板边界上第 j 点的位移为

$$v_j = v_{jq} + \sum_{j=1}^{N} d_{ji} Q_i \qquad j = 1, 2, \cdots, N \qquad (8\text{-}28)$$

其中，v_{jq} 为均布力 q 作用下裂纹板边界上 j 点产生的位移；d_{ji} 为在裂纹板 i 点作用单位力时 j 点产生的位移。

K_{1q}、K_{1i}、v_{jq} 及 d_{ji} 可按 8.1.1.3 节中的边界配置法对含中心裂纹有限板的求解得到。

对于筋条，在拉力 Q_s 的作用下，第 j 点的位移可表示为

$$\overline{v_j} = \sum_{i=1}^{N} e_{ji} Q_i \qquad j = 1, 2, \cdots, N \qquad (8\text{-}29)$$

其中，e_{ji} 为在 i 点施加单位力时 j 点产生的位移。

由筋条、板之间的位移协调关系可得

$$v_j = \overline{v_j} \qquad j = 1, 2, \cdots, N \qquad (8\text{-}30)$$

将式 (8-28) 和式 (8-29) 代入式 (8-30) 可得

$$\sum_{i=1}^{N} (e_{ji} - d_{ji}) Q_i = v_{jq} \qquad j = 1, 2, \cdots, N \qquad (8\text{-}31)$$

由式 (8-31) 即可求解得到边界各点的切向力 Q_i，以及有限加筋板在均布力 q 和边界切向力 Q_s 作用下裂纹尖端的应力强度因子。这样，原含中心裂纹的有限加筋板的问题得到求解。

8.1.4.2　实例计算与分析

针对图 8-6 所示的含裂纹有限加筋板的问题，编制计算程序，对不同参数情况

下结构的应力强度因子进行计算分析。为便于表达,定义

$$\beta = \frac{E_s A_s}{Ewt}$$

其中,E_s 为筋条的弹性模量;A_s 为筋条的截面面积;E 为裂纹板的弹性模量;w 为板宽;t 为板厚。泊松比为 0.3。可见 β 反映了有限加筋板的筋、板的相对刚度。同样,为便于分析,将裂纹应力强度因子表示为含裂纹无限板的修正形式:

$$K_{\mathrm{I}} = g\left(\beta, \frac{a}{w}, \frac{h}{w}\right) q \sqrt{\pi a} \tag{8-32}$$

　　用结构离散化方法和解裂纹问题的边界配置法求解有限加筋板问题时,一方面应使含裂纹有限板的收敛性得到满足,另一方面筋、板之间切向力的离散化点数应保证应力强度因子收敛并有足够的精度。

　　图 8-9、图 8-10、图 8-11 及图 8-12 分别为有限加筋板高宽比为 1、1.3、1.5 和 1.7 时的应力强度因子修正系数 $g\left(\beta, \frac{a}{w}, \frac{h}{w}\right)$ 的数值计算结果。

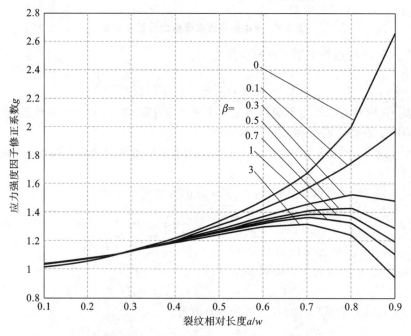

图 8-9　有限加筋板应力强度因子修正系数随裂纹相对长度及筋、
板相对刚度 β 的变化关系($h/w=1$)

　　从图 8-9 的计算结果中可以看到,当有限板高宽比为 1 时,筋条对裂纹板的加强作用表现为:在 $a/w \leqslant 0.4$ 的范围内,筋条对裂纹尖端应力强度因子的影响较弱;当 $a/w > 0.4$ 时,随着筋条相对刚度的增加,应力强度因子修正系数值下降趋势逐渐明显。裂纹尖端离筋条越近,筋条所显现出的作用效果越强。

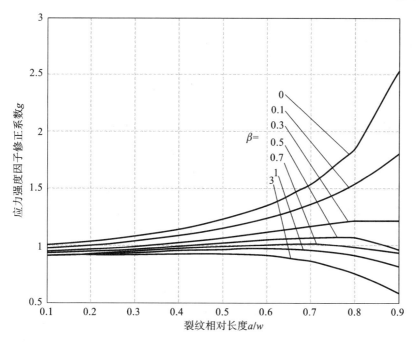

图 8-10　有限加筋板应力强度因子修正系数随裂纹相对长度及筋、
板相对刚度 β 的变化关系（$h/w=1.3$）

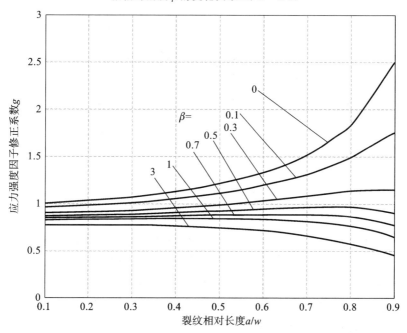

图 8-11　有限加筋板应力强度因子修正系数随裂纹相对长度及筋、
板相对刚度 β 的变化关系（$h/w=1.5$）

　　图 8-10 反映了高宽比为 1.3 时有限加筋板应力强度因子修正系数随裂纹相对长度及筋、板相对刚度 β 的变化关系。筋条对裂纹尖端的加强作用已表现得较明显,结构应力强度因子普遍降低。

　　图 8-11 中的计算结果表明当有限加筋板高宽比逐渐增大时,结构应力强度因子降低幅度也普遍增大了,且随着加筋板相对刚度的增加,结构应力强度因子下降幅度越来越大。图 8-11 所示的结果也反映了随着有限加筋板高宽比的增大,筋条对裂纹板的加强作用随筋、板相对刚度的增大也逐渐增大。

　　图 8-12 中的计算结果进一步说明了随着有限加筋板高宽比的增大,结构应力强度因子降低幅度增大,筋条对裂纹止裂效果更显著。有限加筋板应力强度因子修正系数随裂纹相对长度及筋、板相对刚度 β 的变化关系曲线之间的距离明显增大,表明随着有限加筋板高宽比的增大,筋、板相对刚度等参数对筋条的止裂效果影响越来越大。

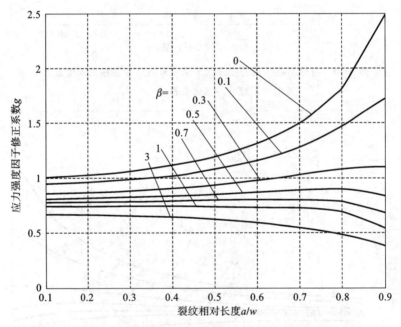

图 8-12　有限加筋板应力强度因子修正系数随裂纹相对长度及筋、板相对刚度 β 的变化关系($h/w=1.7$)

　　对含裂纹有限加筋板的计算分析结果表明,结构中的加强筋有明显的止裂作用,含裂纹有限加筋板的剩余强度与有限加筋板结构参数、加强筋的相对刚度、裂纹尖端与加强筋的距离等因素有关。

8.2　局部加强无限大板的线弹性断裂及止裂分析

当结构中出现裂纹时,在裂纹两端局部设置加强腹板,可改变裂纹周围的应力状况,有利于限制裂纹的张开,降低裂纹尖端的应力强度因子,延缓或阻止裂纹的扩展。加强腹板能有效提高结构的承载能力,这已被大量的实验所验证。

以下基于含裂纹板的复应力函数理论,采用数值离散化解法,对在受拉应力作用的无限大裂纹板的裂纹两端附近设置腹板进行局部加强时结构的应力强度因子进行分析计算,分别对考虑加强腹板横向刚度和不考虑加强腹板横向刚度的两种情况进行分析。

8.2.1　含裂纹无限大板的应力和位移复变函数表达

根据 Muskhelishvili 弹性力学平面问题的复变函数方法,平面内任意一点的位移和应力可用两个复应力函数 $\varphi(z)$、$\psi(z)$ 和它们的导数来表示:

$$\begin{cases} \sigma_x + \mathrm{i}\tau_{xy} = \Phi(z) + \overline{\Phi(z)} - z\overline{\Phi'(z)} - \overline{\Psi(z)} \\ \sigma_y - \mathrm{i}\tau_{xy} = \Phi(z) + \overline{\Phi(z)} + z\overline{\Phi'(z)} + \overline{\Psi(z)} \\ \sigma_x + \sigma_y = 2[\Phi(z) + \overline{\Phi(z)}] \\ \sigma_y - \sigma_x + 2\mathrm{i}\tau_{xy} = 2[\bar{z}\Phi'(z) + \Psi(z)] \\ 2\mu(u + \mathrm{i}v) = k\varphi(z) - z\overline{\Phi(z)} - \overline{\psi(z)} \end{cases} \quad (8\text{-}33)$$

式中:$\overline{\Phi(z)}$、$\overline{\Psi(z)}$、$\bar{z}$ 分别 $\Phi(z)$、$\Psi(z)$、z 的共轭值;μ 为剪切弹性模量;$\Phi(z) = \varphi'(z)$,$\Psi(z) = \psi'(z)$。k 与泊松比 υ 有关,在平面应力情况下,$k = \dfrac{3 - \upsilon}{1 + \upsilon}$。

在特定的条件下,可由式(8-33)方便地推导出应力和位移的表达式,得到

$$\begin{cases} \sigma_x = \dfrac{1}{2}\{2[\Phi(z) + \overline{\Phi(z)}] - z\overline{\Phi'(z)} - \Psi(z) - \overline{\Psi(z)}\} \\ \sigma_y = \dfrac{1}{2}\{2[\Phi(z) + \overline{\Phi(z)}] + z\overline{\Phi'(z)} + \bar{z}\Phi'(z) + \Phi(z) + \overline{\Phi(z)}\} \\ \tau_{xy} = -\dfrac{1}{2}\mathrm{i}\{\bar{z}\Phi'(z) + \Phi(z) - z\overline{\Phi'(z)} - \overline{\Phi(z)}\} \end{cases} \quad (8\text{-}34)$$

由于

$$\begin{cases} \bar{z}\Phi'(z) + z\overline{\Phi'(z)} = 2x\mathrm{Re}[\Phi'(z)] + 2y\mathrm{Im}[\Phi'(z)] = 2\mathrm{Re}[\bar{z}\Phi'(z)] \\ \bar{z}\Phi'(z) - z\overline{\Phi'(z)} = 2\mathrm{i}\{x\mathrm{Im}[\Phi'(z)] - y\mathrm{Re}[\Phi'(z)]\} \end{cases} \quad (8\text{-}35)$$

上述的应力又可表示为

$$\begin{cases} \sigma_x = \mathrm{Re}[2\Phi(z)] - \mathrm{Re}[\Psi(z)] - x\mathrm{Re}[\Phi'(z)] - y\mathrm{Im}[\Phi'(z)] \\ \sigma_y = \mathrm{Re}[2\Phi(z)] + \mathrm{Re}[\Psi(z)] + x\mathrm{Re}[\Phi'(z)] + y\mathrm{Im}[\Phi'(z)] \\ \tau_{xy} = -y\mathrm{Re}[\Phi'(z)] + x\mathrm{Im}[\Phi'(z)] + \mathrm{Im}[\Psi(z)] \end{cases} \quad (8\text{-}36)$$

位移为

$$\begin{cases} 2\mu u = k\mathrm{Re}[\varphi(z)] - x\mathrm{Re}[\varPhi(z)] - y\mathrm{Im}[\varPhi(z)] - \mathrm{Re}[\psi(z)] \\ 2\mu v = k\mathrm{Im}[\varphi(z)] + x\mathrm{Im}[\varPhi(z)] - y\mathrm{Re}[\varPhi(z)] + \mathrm{Im}[\psi(z)] \end{cases} \tag{8-37}$$

在受对称载荷作用的情况下,平面应力和位移的复变函数表达式如下。

对式(8-33)中第 2 式取共轭可得

$$\sigma_y + \mathrm{i}\tau_{xy} = 2\mathrm{Re}[\varPhi'(z)] + [\overline{z}\varPhi'(z) + \varPsi(z)] \tag{8-38}$$

由于受对称载荷作用,则当 $y = 0$ 时, $\tau_{xy} = 0$,且 $\overline{z} = z$,因此有

$$\mathrm{Im}[z\varPhi'(z) + \varPsi(z)]_{y=0} = 0 \tag{8-39}$$

此方程在复平面内的通解为

$$z\varPhi'(z) + \varPsi(z) + A = 0 \tag{8-40}$$

式中:A 为实常数,由对称的边界载荷条件确定。

由式(8-40)可得

$$\begin{cases} x\mathrm{Re}[\varPhi'(z)] - y\mathrm{Im}[\varPhi'(z)] + \mathrm{Re}[\varPsi(z)] + A = 0 \\ x\mathrm{Im}[\varPhi'(z)] + y\mathrm{Re}[\varPhi'(z)] + \mathrm{Im}[\varPsi(z)] = 0 \end{cases} \tag{8-41}$$

将式(8-41)代入式(8-36),可得平面受对称载荷作用情况下的应力为

$$\begin{cases} \sigma_x = 2\mathrm{Re}[\varPhi(z)] - 2y\mathrm{Im}[\varPhi'(z)] + A \\ \sigma_y = 2\mathrm{Re}[\varPhi(z)] + 2y\mathrm{Im}[\varPhi'(z)] - A \\ \tau_{xy} = -2y\mathrm{Re}[\varPhi(z)] \end{cases} \tag{8-42}$$

对式(8-40)进行积分得

$$z\varPhi(z) - \varphi(z) + \psi(z) + Az + \beta = 0 \tag{8-43}$$

式中:β 为与平面刚性位移有关的复常数,可略去。

由式(8-43)可得

$$\begin{cases} x\mathrm{Re}[\varPhi(z)] - y\mathrm{Im}[\varPhi(z)] - \mathrm{Re}[\varphi(z)] + \mathrm{Re}[\psi(z)] + Ax = 0 \\ y\mathrm{Re}[\varPhi(z)] + x\mathrm{Im}[\varPhi(z)] - \mathrm{Im}[\varphi(z)] + \mathrm{Im}[\psi(z)] + Ay = 0 \end{cases} \tag{8-44}$$

将式(8-44)代入式(8-37)可得平面受对称载荷作用情况下的位移为

$$\begin{cases} 2\mu u = (k-1)\mathrm{Re}[\varphi(z)] - y\mathrm{Im}[2\varPhi(z)] + Ax \\ 2\mu v = (k+1)\mathrm{Im}[\varphi(z)] - y\mathrm{Re}[2\varPhi(z)] - Ay \end{cases} \tag{8-45}$$

对于裂纹板受 I 型载荷作用的情况,采用 Westergaard 应力函数有利于问题的求解。取应力函数 $Z(z) = 2\varPhi(z)$,则可得用 Westergaard 应力函数表示的应力和位移的表达式分别为

$$\begin{cases} \sigma_x = \mathrm{Re}Z(z) - y\mathrm{Im}Z'(z) + A \\ \sigma_y = \mathrm{Re}Z(z) + y\mathrm{Im}Z'(z) - A \\ \tau_{xy} = -y\mathrm{Re}Z'(z) \end{cases} \tag{8-46}$$

$$\begin{cases} 4\mu u = (k-1)\mathrm{Re}\,\overline{Z}(z) - 2y\mathrm{Im}Z(z) + Ax \\ 4\mu v = (k+1)\mathrm{Im}\,\overline{Z}(z) - 2y\mathrm{Re}Z(z) - Ax \end{cases} \tag{8-47}$$

式中:$\overline{Z}(z) - \int Z\mathrm{d}z$ 。

8.2.2　考虑加强腹板横向刚度时裂纹板应力强度因子的分析与计算

对于含裂纹加强板这样的复杂结构,采用结构离散化方法有利于问题的求解。在前面对加筋板结构断裂问题的分析中,均未考虑加强筋横向刚度的影响。在以下的研究中将对加强腹板横向刚度对断裂参数的影响进行分析。

在裂纹尖端附近设置加强腹板,如图 8-13 所示。由于加强板结构的复杂性,从理论上进行整体分析是很困难的。为此,在正确的受力分析及几何变形分析基础上进行合理的假设,采用将加强腹板、板分离的离散化方法有利于简化问题并求解。

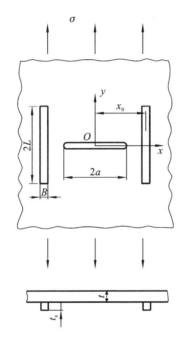

图 8-13　无限大板裂纹前端焊接加强腹板

对图 8-13 所示受拉应力作用的裂纹板,设定裂纹板为线弹性状态。假设加强腹板截面形心位于板的中心面之内,不考虑加强腹板与裂纹板之间的滑移,略去加强腹板面内弯曲的影响。在本节的分析中,首先同时考虑加强腹板横向刚度和纵向刚度对裂纹板加强作用的影响。将加强腹板与裂纹板进行离散化,见图 8-14,裂纹板沿加强腹板方向的每点受横向剪切力 τ_{zx} 和纵向剪切力 τ_{zy} 的作用,认为横向剪切力 τ_{zx} 和纵向剪切力 τ_{zy} 作用于板的中截面,沿加强腹板宽度均匀分布,加强腹板内承受与之大小相等方向相反的作用力。近似将加强腹板对裂纹板的作用力离散化为作用在沿加强腹板方向的有限数量的 N 个点处。

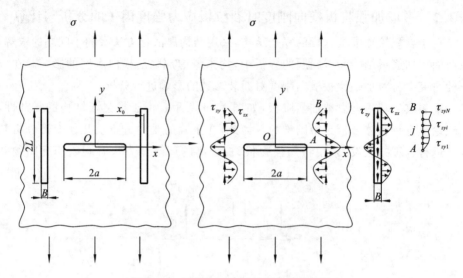

图 8-14　局部加强的裂纹板离散化解法

8.2.2.1　无限板上受一点集中力作用

对于图 8-15 所示无限板上受一点集中力作用的问题,它的复应力函数可由 Muskhelishvili 复变函数解法推出:

$$\begin{cases} \varPhi = -\dfrac{Q+\mathrm{i}P}{2\pi t(1+k)}\,\dfrac{1}{z-z_0} \\ \varPsi(z) = \dfrac{k(Q-\mathrm{i}P)}{2\pi t(1+k)}\,\dfrac{1}{z-z_0} - \dfrac{Q+\mathrm{i}P}{2\pi t(1+k)}\,\dfrac{\overline{z_0}}{(z-z_0)^2} \end{cases} \tag{8-48}$$

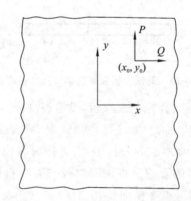

图 8-15　受集中力作用的无限大板

将公式积分,得到函数 φ 与 ψ:

$$\begin{cases} \varphi(z) = -\dfrac{Q+\mathrm{i}P}{2\pi t(1+k)}\ln(z-z_0) \\ \psi(z) = \dfrac{k(Q-\mathrm{i}P)}{2\pi t(1+k)}\ln(z-z_0) + \dfrac{(Q+\mathrm{i}P)}{2\pi t(1+k)}\dfrac{\overline{z_0}}{z-z_0} \end{cases} \tag{8-49}$$

式中：t 为裂纹板厚度；$k=\dfrac{3-\upsilon}{1+\upsilon}$，$\upsilon$ 为泊松比；$z=x+\mathrm{i}y$。

由式(8-33)、式(8-34)和式(8-36)，可得由集中力 Q、P 产生的 $y=0$ 处的法向应力为

$$\begin{cases} \sigma'_{y1}(x,0) = \dfrac{Q}{4\pi t}\Big[(1-\upsilon)\,\mathrm{Re}\dfrac{1}{x-z_0} - \mathrm{Im}\,y_0\,\dfrac{(1+\upsilon)}{(x-z_0)^2}\Big] \\ \sigma'_{y2}(x,0) = \dfrac{P}{8\pi t}\,\mathrm{Im}\Big[\dfrac{4}{x-z_0} + (1+\upsilon)\dfrac{(\overline{z_0}-z_0)}{(x-z_0)^2}\Big] \\ \tau'_{xy1}(x,0) = \dfrac{Q}{4\pi t}\Big[\mathrm{Im}\dfrac{2}{x-z_0} + (1+\upsilon)\,\mathrm{Re}\dfrac{y_0}{(x-z_0)^2}\Big] \\ \tau'_{xy2}(x,0) = \dfrac{P}{4\pi t}\Big[(1-\upsilon)\,\mathrm{Re}\dfrac{1}{x-z_0} + (1+\upsilon)\,\mathrm{Re}\dfrac{\overline{z_0}-z_0}{(x-z_0)^2}\Big] \end{cases} \tag{8-50}$$

板上一点的位移为

$$2\mu(u'_1+\mathrm{i}v'_1) = -\dfrac{k(Q+\mathrm{i}P)}{2\pi t(1+k)}\ln\big[(z-z_0)(\bar{z}-\overline{z_0})\big] + \dfrac{Q-\mathrm{i}P}{2\pi t(1+k)}\dfrac{z-z_0}{\bar{z}-\overline{z_0}} \tag{8-51}$$

8.2.2.2　裂纹表面作用对称力对

图 8-16 所示为裂纹表面作用单位对称力对时的情况，Westergaard 应力函数可以用来求解 I 型裂纹问题。

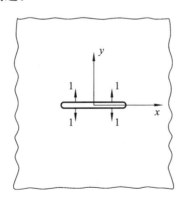

图 8-16　裂纹表面作用单位对称力对

裂纹表面作用单位对称力对时的 Westergaard 应力函数为

$$Z = \dfrac{2z}{\pi t(z^2-x^2)}\sqrt{\dfrac{a^2-x^2}{z^2-a^2}} \tag{8-52}$$

由此可得

$$\overline{Z} = \int Z \mathrm{d}z = \mathrm{i}\left(-a\tanh\frac{-a^2+xz}{\sqrt{x^2-a^2}\ \sqrt{z^2-a^2}} + a\tanh\frac{a^2+xz}{\sqrt{x^2-a^2}\ \sqrt{z^2-a^2}}\right)$$

裂纹板上一点的横向位移和纵向位移分别为

$$\begin{cases} u_2 = \dfrac{1}{\mu}\left(\dfrac{k-1}{4}\mathrm{Re}\,\overline{Z} - \dfrac{y}{2}\mathrm{Im}Z\right) \\[2mm] v_2 = \dfrac{1}{\mu}\left(\dfrac{k+1}{4}\mathrm{Im}\,\overline{Z} - \dfrac{y}{2}\mathrm{Re}Z\right) \end{cases} \tag{8-53}$$

式中：$\mu = \dfrac{E}{2(1+\upsilon)}$，为弹性剪切模量；$k = \dfrac{3-\upsilon}{1+\upsilon}$。

8.2.2.3　含裂纹无限板上受对称四点集中力作用

为便于问题的分析求解，将加强腹板与裂纹板之间的作用力离散化为作用于沿腹板方向的有限数量点处，由加强腹板与裂纹板之间的变形协调关系可以求解得到腹板与裂纹板之间的作用力。首先对裂纹板受对称四点集中力作用的问题进行分析。

1. 裂纹板上一点的位移

图 8-17(a)所示为裂纹板上作用对称四点集中力的情况。由应力场的叠加原理，如图 8-17(a)所示，在无限板上作用以裂纹为对称中心的四点集中力时，其问题可分解为图 8-17(b)和图 8-17(c)两种情况的叠加。图 8-17(b)所示的情况为不含裂纹的无限板受对称四点集中力作用；图 8-17(c)为含裂纹的无限板上在裂纹表面作用分布力 $\sigma(x,0)$ 的情况。因此，图 8-17(a)所示任一点处的应力和位移应分别是图 8-17(b)和图 8-17(c)两种情况下的应力和位移的叠加。

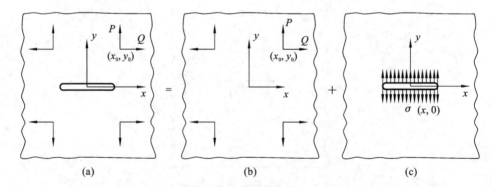

(a)　　　　　　　　　　(b)　　　　　　　　　　(c)

图 8-17　含裂纹无限大板上作用对称四点集中力问题的求解

将式(8-50)进行叠加可得图 8-17(b)所示在对称四点集中力 Q、P 作用情况下不含裂纹的无限板上沿 $x = x_0$ 的位移分别为

$$
\begin{cases}
u_Q = -\dfrac{Q}{4\pi Et}(1+\upsilon)^2\left[2-\dfrac{\alpha_2^2}{\alpha_3^2+\alpha_2^2}-\dfrac{\alpha_4^2}{\alpha_3^2+\alpha_4^2}\right]+\dfrac{Q}{4\pi Et}(1+\upsilon)(\upsilon-3)\ln\alpha_2 \\
\qquad +\dfrac{Q}{8\pi Et}(1+\upsilon)(\upsilon-3)\ln\left[\dfrac{\alpha_4^2}{(\alpha_3^2+\alpha_2^2)(\alpha_3^2+\alpha_4^2)}\right] \\
u_P = \dfrac{P(1+\upsilon)^2}{4\pi Et}\left[\dfrac{\alpha_1\alpha_2}{\alpha_1^2+\alpha_2^2}-\dfrac{\alpha_1\alpha_4}{\alpha_1^2+\alpha_4^2}+\dfrac{\alpha_3\alpha_2}{\alpha_3^2+\alpha_2^2}-\dfrac{\alpha_3\alpha_4}{\alpha_3^2+\alpha_2^2}\right] \\
v_Q = -\dfrac{Q}{4\pi Et}(1+\upsilon)^2\left[\dfrac{\alpha_3\alpha_2}{\alpha_3^2+\alpha_2^2}+\dfrac{\alpha_3\alpha_4}{\alpha_3^2+\alpha_4^2}\right] \\
v_P = \dfrac{P(3-\upsilon)(1+\upsilon)}{8\pi Et}\ln\left[\dfrac{(\alpha_1^2+\alpha_2^2)(\alpha_3^2+\alpha_2^2)}{(\alpha_1^2+\alpha_4^2)(\alpha_3^2+\alpha_4^2)}\right] \\
\qquad -\dfrac{P(1+\upsilon)^2}{\pi Et}\left[\dfrac{yy_0\alpha_1^2}{(\alpha_1^2+\alpha_2^2)(\alpha_1^2+\alpha_4^2)}+\dfrac{yy_0\alpha_3^2}{(\alpha_3^2+\alpha_2^2)(\alpha_3^2+\alpha_4^2)}\right]
\end{cases}
\tag{8-54}
$$

其中，$\alpha_1=x-x_0=0$，$\alpha_2=y-y_0$，$\alpha_3=x+x_0$，$\alpha_4=y+y_0$。

由集中力 Q、P 产生的沿裂纹线 $y=0$ 处的应力分别为

$$
\begin{cases}
\sigma_{y1}(x,0) = \dfrac{Q(1+\upsilon)}{2\pi t}\left\{\dfrac{(1-\upsilon)}{(1+\upsilon)}\left[\dfrac{x-x_0}{(x-x_0)^2+y_0^2}-\dfrac{x+x_0}{(x+x_0)^2+y_0^2}\right]\right. \\
\qquad\left. -2y_0^2\left[\dfrac{x-x_0}{[(x-x_0)^2+y_0^2]^2}-\dfrac{x+x_0}{[(x+x_0)^2+y_0^2]^2}\right]\right\} \\
\sigma_{y2}(x,0) = \dfrac{P(1+\upsilon)}{2\pi t}\left\{\dfrac{3+\upsilon}{1+\upsilon}\left[\dfrac{y_0}{(x-x_0)^2+y_0^2}+\dfrac{y_0}{(x+x_0)^2+y_0^2}\right]\right. \\
\qquad\left. -2y_0\left[\dfrac{(x-x_0)^2}{[(x-x_0)^2+y_0^2]^2}+\dfrac{(x+x_0)^2}{[(x+x_0)^2+y_0^2]^2}\right]\right\}
\end{cases}
\tag{8-55}
$$

将 $\sigma_{y1}(x,0)$、$\sigma_{y2}(x,0)$ 反向作用在图 8-17(c)所示的裂纹表面上，即

$$
\sigma(x,0) = -(\sigma_{y1}(x,0)+\sigma_{y2}(x,0))
\tag{8-56}
$$

沿裂纹线对位移积分，可得图 8-17(c)所示裂纹板上一点的位移为

$$
\begin{cases}
u_b = t\displaystyle\int_0^a \sigma(x,0)u_2\,\mathrm{d}x \\
v_b = t\displaystyle\int_0^a \sigma(x,0)v_2\,\mathrm{d}x
\end{cases}
\tag{8-57}
$$

可得图 8-17(a)中一点处的位移为

$$
\begin{cases}
u = u_Q+u_P+u_b \\
v = v_Q+v_P+v_b
\end{cases}
\tag{8-58}
$$

若 Q、P 为单位集中力，即得到在裂纹板上作用以裂纹为对称中心的单位四点集中力时裂纹板上一点的位移。

2. 四点集中力作用下裂纹尖端的应力强度因子

分别以 Y_y^+、X_y^+、Y_y^-、X_y^- 代表裂纹表面上侧和下侧正应力与切向应力的边界值，则

$$Y_y^+ = Y_y^- = \sigma(x,0) \ , \ X_y^+ = X_y^- = 0$$

$$p(x) = \frac{1}{2}(Y_y^+ + Y_y^-) - \frac{i}{2}(X_y^+ + X_y^-) = \sigma(x,0)$$

由 Hilbert 问题的解法可得图 8-17(c)所示的在裂纹表面作用应力 $\sigma(x,0)$ 时，

$$\begin{cases} \Phi_0(z) = \frac{1}{2\pi i}\frac{1}{\sqrt{z^2-a^2}}\int_{-a}^a \frac{p(x)\sqrt{x^2-a^2}}{x-z}\mathrm{d}x \\ \qquad = \frac{1}{2\pi i}\frac{1}{\sqrt{z^2-a^2}}\int_{-a}^a \frac{\sigma(x,0)\sqrt{x^2-a^2}}{x-z}\mathrm{d}x \\ \Phi(z) = \Phi_0(z) + \frac{c}{\sqrt{z^2-a^2}} \end{cases} \tag{8-59}$$

式(8-59)中的常数 c 由位移的单值条件确定。此条件为：当点绕包围线段 $(-a,a)$ 的闭围线一周时，表达式 $k\varphi(z)-\varphi(\bar{z})$ 的值必须回到原值，使此闭围线收缩于线段 $(-a,a)$。可推知单值条件可用下面的等式表达：

$$2c\int_{-a}^a \frac{\mathrm{d}x}{\sqrt{t^2-a^2}} + (k+1)\int_{-a}^a [\Phi_0^+(x)-\Phi_0^-(x)]\mathrm{d}x = 0 \tag{8-60}$$

式中(+)与(−)分别表示对应裂纹的上侧表面与下侧表面的边界值。由式(8-60)可得 $c=0$。

裂纹尖端应力强度因子为

$$K_{\mathrm{I}} = 2\sqrt{2\pi}\lim_{z\to a}\sqrt{z-a}\,\Phi(z) \tag{8-61}$$

将式(8-59)代入式(8-61)可得含裂纹无限板上作用对称四点集中力时裂纹尖端的应力强度因子为

$$K_{\mathrm{I}b} = \frac{1}{\sqrt{\pi a}}\int_{-a}^a \sigma(x,0)\left(\frac{a+x}{a-x}\right)^{1/2}\mathrm{d}x \tag{8-62}$$

8.2.2.4　均布拉应力作用下含裂纹无限板中位移求解

图 8-18 所示为含裂纹无限板受拉应力 σ 作用的情况。

在本小节的分析中，边界条件满足

$$\sigma_y(\infty) = \sigma \ , \sigma_x(\infty) = 0, \ \tau_{xy}(\infty) = 0$$

Westergaard 应力函数可设为

$$Z = \frac{\sigma z}{\sqrt{z^2-a^2}} + A \tag{8-63}$$

式中：A 是一个与边界载荷条件有关的常数。

由式(8-33)和式(8-46)可得

$$\sigma_y - \sigma_x + 2i\tau_{xy} = 2y\mathrm{Im}[Z'] - 2A - 2iy\mathrm{Re}[Z'] \tag{8-64}$$

由于 $\bar{z}-z=-2iy$，代入边界条件，式(8-64)又可写为

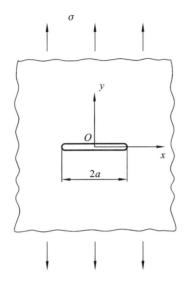

图 8-18　含裂纹无限板受拉应力作用

$$\sigma = (\bar{z} - z)Z' - 2A, \quad |z| \to \infty$$

由此可解得

$$A = -\frac{\sigma}{2} \tag{8-65}$$

裂纹板上一点的横向位移和纵向位移分别为

$$\begin{cases} u_0 = \dfrac{1}{G}\left[\dfrac{k-1}{4}\operatorname{Re}\overline{Z} - \dfrac{y}{2}\operatorname{Im}Z\right] + \dfrac{A}{2}x \\[3mm] v_0 = \dfrac{1}{G}\left[\dfrac{k+1}{4}\operatorname{Im}\overline{Z} - \dfrac{y}{2}\operatorname{Re}Z\right] - \dfrac{A}{2}y \end{cases} \tag{8-66}$$

式中：$\overline{Z} = \int Z \mathrm{d}z = \sqrt{z^2 - a^2} - z/2$。

8.2.2.5　加强腹板与裂纹板之间作用力的求解

如图 8-14 所示，在拉应力 σ 作用下的局部加强的裂纹板，其加强腹板和裂纹板之间的作用力被离散化为作用在沿加强腹板方向的有限数量的 N 个点处。可近似认为横向剪切力 τ_{zx} 和纵向剪切力 τ_{zy} 作用于板的截面中心，且沿加强腹板宽度均匀分布。为方便表达和计算，以 S_{1ji} 和 S_{2ji} 分别表示在 i 点 $(\pm x_0, \pm y_0)$ 作用对称四点单位横向剪切应力和单位纵向剪切应力时 j 点产生的横向位移，S_{3ji} 和 S_{4ji} 分别表示在 i 点 $(\pm x_0, \pm y_0)$ 作用对称单位横向剪切应力和单位纵向剪切应力时 j 点产生的纵向位移，u_{0j} 和 v_{0j} 分别表示局部加强的裂纹板受拉应力 σ 作用时 j 点产生的横向和纵向位移，可得局部加强受拉应力作用的裂纹板中一点 j 的位移为

$$\begin{cases} u_j = B\sum_{i=1}^{N}S_{1ji}\tau_{zxi} + B\sum_{i=1}^{N}S_{2ji}\tau_{zyi} + u_{0j} & j=1,2,\cdots,N \\[2ex] v_j = B\sum_{i=1}^{N}S_{3ji}\tau_{zxi} + B\sum_{i=1}^{N}S_{4ji}\tau_{zyi} + v_{0j} & j=1,2,\cdots,N \end{cases} \tag{8-67}$$

式中：B 表示加强腹板的宽度。

加强腹板承受横向和纵向的剪切应力作用，其可看作受横向和纵向力作用的梁。加强腹板上相应的 j 点的位移可表示为

$$\begin{cases} u_{sj} = \sum_{i=1}^{N}U_{ji}\tau_{zxi} & j=1,2,\cdots,N \\[2ex] v_{sj} = \sum_{i=1}^{N}V_{ji}\tau_{zyi} & j=1,2,\cdots,N \end{cases} \tag{8-68}$$

其中，U_{ji} 为在加强腹板上 i 点作用单位横向剪切应力时 j 点产生的横向位移；V_{ji} 为在 i 点作用单位纵向剪切应力时 j 点产生的纵向位移。二者表达式可根据梁的变形理论推导得到，分别见式(8-69)和式(8-70)。

$$U_{ji} = \begin{cases} \dfrac{B}{3E_sI}y_j^3 + (y_j - y_i)\sin\theta + C & (y_j \geqslant y_i) \quad i,j=1,2,\cdots,N \\[2ex] \dfrac{By_i}{2E_sI}y_j^2 - \dfrac{B}{6E_sI}y_j^3 + C & (y_j \leqslant y_i) \quad i,j=1,2,\cdots,N \end{cases} \tag{8-69}$$

$$\theta = \frac{By_i^2}{2E_sI}$$

式中：C 为加强腹板刚性位移，为未知参数；E_s 为加强腹板的弹性模量；I 为加强腹板惯性矩。

$$V_{ji} = \begin{cases} \dfrac{y_i}{t_sE_s} & (y_j \geqslant y_i) \quad i,j=1,2,\cdots,N \\[2ex] \dfrac{y_j}{t_sE_s} & (y_j \leqslant y_i) \quad i,j=1,2,\cdots,N \end{cases} \tag{8-70}$$

式中：t_s 为加强腹板厚度。

由加强腹板和裂纹板之间的变形协调关系可得

$$\begin{cases} u_j = u_{sj} & j=1,2,\cdots,N \\ v_j = v_{sj} & j=1,2,\cdots,N \end{cases} \tag{8-71}$$

将式(8-67)及式(8-68)代入式(8-71)可得包含 $2N$ 个方程的方程组，另外，由加强腹板在横向的受力平衡关系，可得到方程

$$B\sum_{i=1}^{N}\tau_{zxi} = 0 \tag{8-72}$$

由此，由 $2N+1$ 个方程可求解 $2N+1$ 个未知数，加强腹板对裂纹板的作用力问题得到求解。

8.2.2.6　局部加强裂纹板应力强度因子

由线弹性的叠加原理可得到图 8-13 所示局部加强的裂纹板裂纹尖端的应力强度因子为

$$K_{\mathrm{I}} = \sigma \sqrt{\pi a} + B\Big(\sum_{i=1}^{N} F_1 \tau_{zxi} + \sum_{i=1}^{N} F_2 \tau_{zyi}\Big) \tag{8-73}$$

其中，F_1 和 F_2 分别为在裂纹板内四点（$\pm x_0, \pm y_0$）作用 x 方向和 y 方向对称单位力时，所产生的裂纹尖端的应力强度因子，其表达式可参见 8.2.2.3 节中对应力强度因子的推导。

$$\begin{cases} F_1 = \dfrac{1}{\sqrt{\pi a}} \displaystyle\int_{-a}^{a} \sigma_{y1}(x,0)\Big(\dfrac{a+x}{a-x}\Big)^{1/2} \mathrm{d}x \\[3mm] F_2 = \dfrac{1}{\sqrt{\pi a}} \displaystyle\int_{-a}^{a} \sigma_{y2}(x,0)\Big(\dfrac{a+x}{a-x}\Big)^{1/2} \mathrm{d}x \end{cases} \tag{8-74}$$

其中，$\sigma_{y1}(x,0)$ 和 $\sigma_{y2}(x,0)$ 分别为在裂纹板内四点（$\pm x_0, \pm y_0$）作用 x 方向和 y 方向对称单位力时，裂纹表面处产生的应力。

为方便表达，将式（8-73）中的应力强度因子计算结果表示为无限板含中心裂纹问题的修正形式：

$$K_{\mathrm{I}} = f\sigma \sqrt{\pi a} \tag{8-75}$$

其中，f 为应力强度因子修正系数。

8.2.2.7　实例计算与分析

运用以上分析方法，对含裂纹无限大板局部加强的应力强度因子进行实例计算，取参数如下：$2a = 24$ mm，$t = 2$ mm，$v = 0.3$，$t_s = 1$ mm，$B = 2$ mm，$E_s = 72100$ N/mm^2，$E = 72100$ N/mm^2，$\sigma = 2.5$ N/mm^2。其中，E 为裂纹板弹性模量。

1. 腹板横向剪切应力

分别改变腹板半长 L 和腹板与裂纹中心的距离 x_0，在拉伸应力 σ 作用下，由加强腹板产生的横向剪切应力沿加强腹板的分布分别如图 8-19 和图 8-20 所示。从图示结果可见，横向剪切应力沿加强腹板的分布趋势是相同的。在裂纹所在线的附近，加强腹板作用于裂纹板的横向剪切应力的变化幅度普遍是比较大的，随着与裂纹线距离的增加，沿加强腹板方向横向剪切应力趋于平缓并逐渐减弱。计算结果表明，加强腹板横向剪切应力对应力强度因子的影响较小。

2. 腹板纵向剪切应力

改变腹板半长 L，加强腹板上纵向剪切应力沿腹板的分布如图 8-21 所示。从图中可见，纵向剪切应力的分布基本位于负半轴一边，表明加强腹板有利于阻止板上裂纹的扩展，纵向剪切应力对应力强度因子的影响较大，对降低裂纹尖端的应力强度因子起主要作用。随着加强腹板长度增大，腹板上纵向剪切应力增大，且剪切力合力增大；当腹板长度增加到一定程度时，改变腹板长度对腹板上纵向剪切应力的合力大小的影响不大，纵向剪切应力合力逐渐趋于稳定。

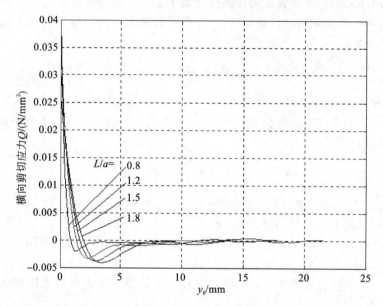

图 8-19　不同腹板长度时沿腹板方向分布的横向剪切应力($x_0 = 1.5a$)

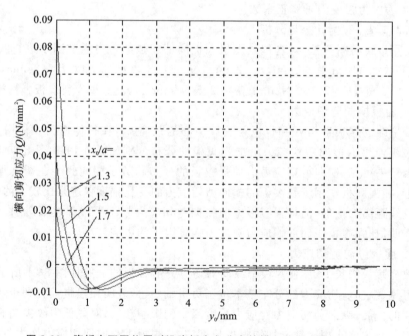

图 8-20　腹板在不同位置时沿腹板方向分布的横向剪切应力($L = 0.8a$)

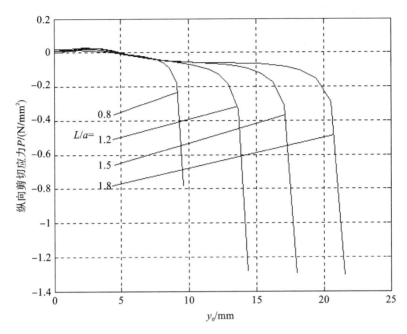

图 8-21　不同腹板长度情况下沿腹板方向分布的纵向剪切应力

改变 x_0,加强腹板上纵向剪切应力沿腹板的分布如图 8-22 所示。计算结果表明,在裂纹尖端附近,沿加强腹板分布的纵向剪切应力较大且其合力也较大。随着腹板的位置距离裂纹尖端越来越远,纵向剪切应力逐渐变小且合力也越来越小。

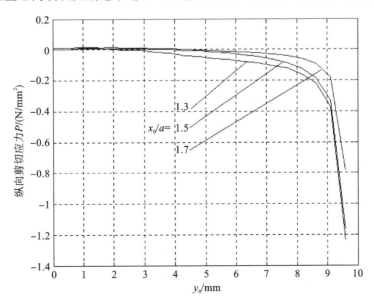

图 8-22　腹板在不同位置时沿腹板方向分布的纵向剪切应力

3. 应力强度因子计算结果分析

改变加强腹板的位置 x_0,式(8-75)中局部加强的应力强度因子修正系数 f 随 x_0/a 变化的关系如图 8-23 所示。从图中可见,随着加强腹板位置与裂纹尖端的距离越远,应力强度因子修正系数 f 值越大,表明加强腹板对裂纹板的加强作用越弱;加强腹板在裂纹尖端附近时,应力强度因子修正系数 f 值较小,表明加强腹板的作用较大,能显著降低结构的应力强度因子。采用本节方法计算得到的应力强度因子普遍比文献[3]中所述胶接时的应力强度因子小,反映了固定连接的腹板由于避免了胶接层刚度的影响,能更有效地降低裂纹板的应力强度因子。从表8-2中的结果可以看到,随着粘接剂剪切弹性模量的增加,文献[3]中应力强度因子降低,其结果有向本研究结果靠近的趋势。

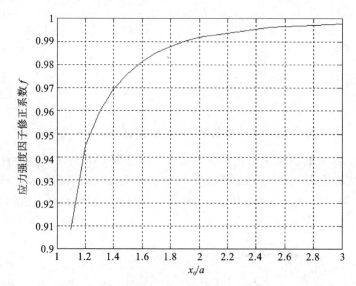

图 8-23　应力强度因子修正系数 f 随加强腹板位置变化关系

表 8-2　本小节研究计算结果与文献[3]计算结果对比

加强腹板位置 x_0	SIF/（N/mm$^{1.5}$）用本文的计算方法	文献[3]	
		粘接剂剪切弹性模量（N/mm^2）	SIF /（N/mm$^{1.5}$）
8	7.666	770	9.939
		1155	9.588
		1540	9.388
10	6.5816	770	9.613
		1155	9.139
		1540	8.654

改变加强腹板半长 L,可得出不同加强腹板长度下,加强腹板位置 x_0 对应力强度因子的影响,图 8-24 为应力强度因子修正系数 f 随加强腹板长度及加强腹板位置变化的关系。计算结果表明,当加强腹板长度较短时,加强腹板位置在裂纹尖端附近能使结构应力强度因子显著降低,而在离裂纹尖端较远的位置则对裂纹板的加强作用较弱;随着加强腹板长度的增加,应力强度因子修正系数 f 下降,加强腹板对裂纹板的加强作用普遍提高;当加强腹板长度增加到一定程度时,结构的应力强度因子趋于稳定。从图中可以看到加强腹板在不同的位置对裂纹板的加强作用是不同的,在裂纹尖端附近,腹板的加强作用尤为明显。应力强度因子的变化趋势表现出了与前面所讨论的沿加强腹板方向分布的剪切应力变化一致的趋势。

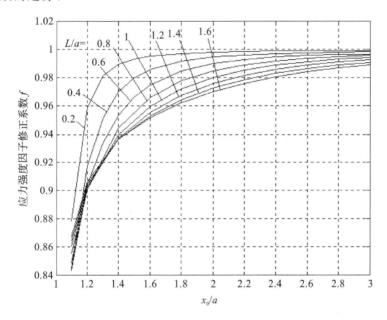

图 8-24　应力强度因子修正系数 f 随加强腹板长度和加强腹板位置变化关系

在本节的研究中,同时对加强腹板刚度对含裂纹板局部加强的应力强度因子的影响进行了分析计算。取无量纲参数 $\beta = \dfrac{E_s B t_s}{EtL}$,可以看出,$\beta$ 反映了腹板的相对刚度。在上述参数情况下,改变 β 的大小,加强腹板相对刚度对结构应力强度因子修正系数的影响如图 8-25 所示。图 8-25 所示结果表明,随着加强腹板刚度的增加,结构的应力强度因子降低。因此,提高加强腹板刚度有利于阻止裂纹的扩展。

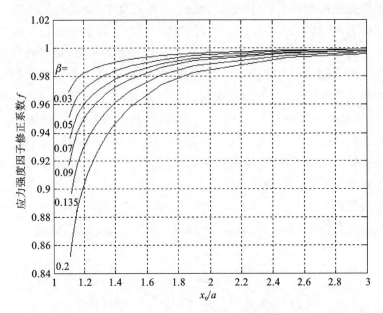

图 8-25　应力强度因子修正系数 f 随 β 值和加强腹板位置的变化关系

8.2.3　不考虑加强腹板横向刚度时裂纹板应力强度因子的分析与计算

在对腹板加强含裂纹板问题的研究中,常常不考虑加强腹板的横向刚度,认为加强腹板承受沿腹板长度方向一维形式的内力和变形。下面针对本节前面分析的含裂纹无限大板局部加强的结构模型对这一分析方法进行探讨。如图 8-26 所示,裂纹板受拉伸应力 σ 的作用,裂纹长为 $2a$,板厚度为 t。加强腹板长为 $2L$,横截面面积为 A_s,裂纹分布于两加强腹板中间,不考虑腹板横向刚度的影响。同样,对加强腹板结构离散化,加强腹板对裂纹板的作用力简化为沿加强腹板方向的切向力 Q,加强腹板内部承受与之相反的内力作用。

8.2.3.1　腹板与裂纹板之间的作用力

同样将切向力 Q 离散为作用在有限数量的 N 个点处,参见图 8-8。

裂纹板上 j 点的位移可表示为

$$v_j = \sum_{i=1}^{N} S_{ji}Q_i + v_0 \qquad j=1,2,\cdots,N \qquad (8-76)$$

其中,v_0 为无限大板受外加应力 σ 作用时 j 点产生的位移;S_{ji} 为在 $i(\pm x_0,\pm y_0)$ 点作用单位力时 j 点产生的位移。S_{ji} 的求解参见图 8-27,含裂纹无限大板在面内受集中力作用的情况等于图 8-27(b)和图 8-27(c)两种情况的叠加,图中 $\sigma(x,0)$ 的表达式和 S_{ji} 的详细表达式见 8.2.2.1 节的推导过程。

加强腹板上 j 点的位移为

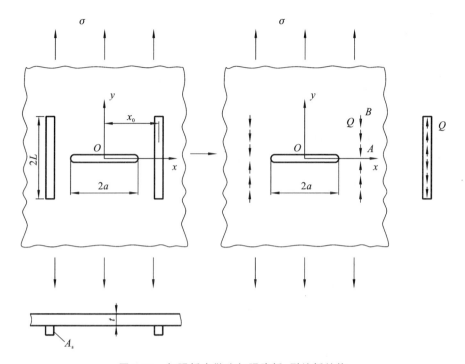

图 8-26　加强板离散为加强腹板、裂纹板结构

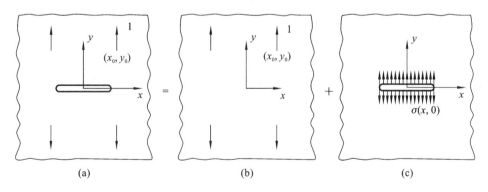

图 8-27　含裂纹无限大板内作用四点集中力的求解

$$v_{sj} = \sum_{i=1}^{N} e_{ji} Q_i \qquad j = 1, 2, \cdots, N \qquad (8\text{-}77)$$

式中：e_{ji} 为在 i 点作用单位力时 j 点产生的位移，即

$$e_{ji} = \begin{cases} \dfrac{y_i}{A_s E_s} & y_j \geqslant y_i \\[2ex] \dfrac{y_j}{A_s E_s} & y_j \leqslant y_i \end{cases}$$

其中，E_s 为加强腹板弹性模量。

由位移协调条件可知，在 j 点有

$$v_j = v_{sj} \qquad j=1,2,\cdots,N \tag{8-78}$$

将式(8-76)、式(8-77)代入式(8-78)得

$$\sum_{i=1}^{N}(e_{ji}-S_{ji})Q_i = v_0 \qquad j=1,2,\cdots,N \tag{8-79}$$

由式(8-79)可求得切向力 Q。

8.2.3.2　局部加强裂纹板应力强度因子

由线弹性叠加原理，图 8-26 所示结构的应力强度因子可表示为

$$K_{\mathrm{I}} = \sigma_0\sqrt{\pi a} + \sum_{i=1}^{N}FQ_i \tag{8-80}$$

式(8-80)中 F 的表达式参见式(8-74)。

将式(8-80)的计算结果表示为含裂纹无限大板应力强度因子的修正形式：

$$K_{\mathrm{I}} = f\sigma_0\sqrt{\pi a} \tag{8-81}$$

其中，f 为应力强度因子修正系数，由式(8-80)和式(8-81)可求解。

8.2.3.3　实例计算与分析

本节实例计算取与前面考虑腹板横向刚度时相同的参数，在本节中参数 $A_s=2\ \mathrm{mm}^2$。计算结果表明了应力强度因子随腹板长度和位置的不同而变化的趋势同前面考虑腹板横向刚度时的结果是一致的；随腹板相对刚度的不同，两者应力强度因子的变化趋势也相同，不再赘述。

为了讨论腹板横向刚度对结构应力强度因子的影响，以下给出了相同参数情况下采用两种分析方法得出的应力强度因子修正系数 f 值的计算结果，见表 8-3。表中上面的数据为考虑横向刚度时的计算结果，下面的数据为不考虑横向刚度时的计算结果。从表中的数据比较可以看到，两种方法所得到的结果相差不大，且随着腹板长度的增加及腹板位置与裂纹尖端的距离增加，这种影响会更小。而不考虑腹板横向刚度时计算量会大大减小。因此，在对含裂纹加筋板的断裂分析中，可以略去加强筋板横向刚度的影响。

表 8-3　考虑横向刚度与不考虑横向刚度时应力强度因子修正系数对比

L/a	应力强度因子修正系数						
	x_0/a						
	1.2	1.4	1.6	1.8	2.2	2.4	2.6
0.2	0.95918	0.98998	0.99550	0.99735	0.99869	0.99899	0.99919
	0.96142	0.99027	0.99556	0.99737	0.99870	0.99899	0.99919

续表

L/a	应力强度因子修正系数						
	x_0/a						
	1.2	1.4	1.6	1.8	2.2	2.4	2.6
0.4	0.91768	0.97007	0.98600	0.99199	0.99627	0.99718	0.99778
	0.91962	0.97037	0.98608	0.99202	0.99628	0.99719	0.99778
0.6	0.90407	0.95364	0.975023	0.98507	0.99309	0.99484	0.99599
	0.90592	0.95392	0.97511	0.98510	0.99310	0.99484	0.99598
0.8	0.90106	0.94421	0.96593	0.97811	0.98938	0.99207	0.99385
	0.90276	0.94447	0.96601	0.97814	0.98939	0.99207	0.99385
1	0.90141	0.93948	0.95961	0.97221	0.98555	0.98906	0.99148
	0.90286	0.93972	0.95968	0.97224	0.98556	0.98907	0.99148

　　基于复应力函数理论,采用离散化数值方法,可解决含裂纹结构的断裂分析问题,为研究含裂纹工程结构的剩余强度及止裂结构设计提供理论基础和依据。

思　考　题

　　1. 含裂纹加筋板结构中加强筋是如何影响裂纹尖端应力强度因子的?

　　2. 试分析加强筋与裂纹板之间粘接剂的剪切弹性模量是如何影响结构止裂效果的。

　　3. 加强筋横向刚度对止裂效果有何影响?

参 考 文 献

　　[1]　MUSKELISHVILI N I. Some basic problems of the mathematical theory of elasticity[M]. Groningen:Noordhoff,1953.

　　[2]　ISIDA M. Effect of width and length on stress intensity factors of internally cracked plates under various boundary conditions[J]. International Journal of Fracture,1971,7(3):301-316.

　　[3]　SETHURAMAN R,MAITI S K. Determination of mixed mode stress intensity factors for a crack-stiffened panel[J]. Engineering Fracture Mechanics,1989,33(3):355-369.

　　[4]　CHEN Y Z. Tension of a finite cracked plate with stiffened edges[J]. Engineering Fracture Mechanics,1994,49(5):667-670.

　　[5]　姜翠香. 裂纹损伤舰船结构的断裂及止裂研究[D]. 武汉:华中科技大学,2004.